南道傳統住居論

천득염 · 이정록 · 나경수
손희하 · 박의준 · 송민정 공저

景仁文化社

본서의 내용은 2000년도 한국학술진흥재단의 지원(KRF－2002－005－B20011)에 의하여 연구된 결과이며, 청도건설이 출연하는 "한국전통건축연구비" 에 의하여 출간되었음.

책 머리에

건축사연구의 요체는 옛 것에 대한 본질탐구이다.

옛 것에 대한 관심이 점점 적어져 가고 서구화와 국제화의 물결이 우리 생활의 모든 영역에서 만연해 가고 있는 모습을 보면 전통의 의미와 계승이라는 명제가 더 소중하게 인식된다. 이것은 우리의 자아관이 성숙했다는 의미이기도 하고, 세계화의 물결 속에서 우리자신의 정체성을 확인해야 할 필요성이 크기 때문이기도 한다. 또한 산업화와 정보화의 물결속에서 서구화를 높은 가치로 여겨왔던 막연한 기대가 잘못이었고 우리의 전통이 소중하다는 사실을 깨닫게 되었다는 의미이기도 하다. 즉, 남과 다른 우리의 것이 더욱 감동을 줄 수 있으며 그래야만 세계 속에서 우리의 정체성을 찾을 수 있다는 자각을 하게 된 것이다.

인간은 누구나 자기가 태어난 곳이나 살고 있는 곳에 대한 애착이 크기 마련이다. 우리의 주변에 우리를 에워싸고 있는 문화환경에 대하여 관심을 갖는 것은 너무나 당연하다.

우리가 우리 것을 알아 이해하고 즐긴다는 것 보다 중요하고 시급한 것은 없다고 생각한다. 우리는 현대문화가 뽐내고 있는 무국적성(無國籍性)에 식상해 있다. 서울이나 뉴욕이나 동경이나 별로 다를게 없다. 자기의 모습, 자기의 색깔, 자기의 체취가 없다.

우리는 어디에서 출발해야 할 것인가. 바로 우리의 것에서이다. 自己卑下 自己陶醉는 옳지 못하다.

이러한 입장으로 본서에서는 전라남도 문화권내에서 형성된 문화현상들 중에서 인간생활의 장을 담는 주거건축에 대하여 살펴보고자 하였다.

　본서는 사찰이나 향교, 서원 등 권위 건축에 비하여 인간의 출생에서부터 사망까지 모든 생활을 담고 있는 주거공간에 대한 건축적 특성을 고찰한 결과이다. 기존의 연구가 물리적 현상을 풀어서 설명하는데 머물렀다면 본 연구는 건축적 특성을 구성요소들의 상호관계에서 찾아보고자 한 것이다.

　우선 신분계급에 따라 서민주거인 민가와 중·상류주거인 상류주거를 구분하여 고찰하였다. 또한 이 두 영역에서 평면구성, 면적비, 배치형식, 입면구성, 입지적 특성, 활동영역, 주거민속, 음환경특성 등으로 세분하여 다양하게 고찰하였다.

　연구대상건축물은 전남지방에서 문화재로 지정되어 있는 중상류주택과 민가를 중심으로 전체적인 배치도를 평판측량이나 간이측량으로 작성하고 각각의 구성요소들을 정밀실측 하였으며 이들의 상호관계를 고찰하였다. 이러한 개별적 현상들을 대상으로 연구자들이 분야별로 자기의 연구방법에 따라 건축적 특성을 이끌어내고자 하였다.

　이 연구는 전남대학교 건축학부 대학원 과정의 많은 연구원들과 저자가 공동으로 조사, 연구, 발표한 결과이다. 마침 전남대학교 호남문화연구소가 주관하는 학술진흥재단의 중점과제로 선정되어 지원을 받게 됨으로 본 연구가 더욱 가능하게 되었고, 뿐만 아니라 청도건설의 "한국전통건축연구비"의 지원으로 수년간 조사한 자료와 내용 역시 첨가되었다.

　실측과 도면작성 및 연구에 참여한 전남대학교 건축사연구실의 박지민, 탁형수, 김정언, 이영미, 나하영, 박명현, 나승대, 윤대근, 박현주, 박지

선을 비롯하여 호남문화연구소 전임연구원 송민정, 박의준 박사님께도 진심으로 고맙게 생각한다. 무더운 날씨에 현장에서 흘린 땀방울이 이처럼 조그마한 책으로 나오게 되어 참으로 기쁘다.

끝으로 여러모로 부족한 이 책을 출간하는 의도가 전남·광주지방 전통건축의 본질탐구와 더불어, 우리 것에 대한 사랑과 아낌이라는 우리 시대의 명제를 이루는 첫 걸음이 되었으면 하는 바람이다.

2004년 2월
저자 대표 천 득 염

차 례

제1장
지역건축문화의 전개

I. 지역 건축을 이해하는 입장

건축은 인간의 생활을 담는 그릇으로서 소속된 집단의 지리적 특성과 경험 및 전통을 반영하는 동시에 생활문화의 총체적 산물인 것이다.

따라서 특정지역 전통건축문화의 특성을 규명하기 위해서는 이를 형성시키는 배경에 대한 고찰이 선행되어야 할 것이다. 전남은 문화권적 단위라기 보다는 하나의 행정단위이다. 행정단위로 문화적인 특성을 규명하는 방법이 과연 적절한가하는 의문을 가질 수도 있겠다. 따라서 본 서에서는 호남이라는 커다란 범주 안에서 전남을 이해할 수 밖에 없기 때문에 결국은 전남이라는 행정단위와 호남이라는 포괄적 권역을 혼용할 수밖에 없을 것 같다.

문화란 공유되고 학습되며 축적되고 체계를 이루는 가운데 변화되는 속성을 가진다.[1] 문화는 사회적 지식이다. 따라서 문화는 사회구성원들에 의해서 공유되며 창출 전승된다. 그래서 "전남지방의 문화"란 결국 전남지방 사람들에 의해서 만들어지고 소유되며 또 전승된다.

지역문화를 이해하는 관점은 상반된 두 가지 입장이 있을 수 있다. 즉

---

1) 한상복 외 2인, 문화인류학, 한국방송대학출판부, 1983, 64쪽.

지역성을 강조하는 경우와 지역성을 인정하지 않으려는 경우, 그러니까 지역문화를 중앙문화의 미세한 변형으로 이해하고자 하는 입장이다.

지역성을 강조하는 입장에서 보면 이제까지 한국역사는 서울과 중앙 지배층의 시각에서 정리되어 왔고 그 결과 각 지역의 역사와 문화는 자체의 성장배경이나 발전과정이 사장된 채 중앙정치사의 한 부분으로 존재해왔다[2]는 것이다. 따라서 지방의 역사와 문화는 특별하게 주목할 필요도 또한 주목하도록 가르쳐지지도 않았다. 이 같은 문제의식을 가지고 전남지방의 역사와 문화를 좀더 객관적인 시각으로 살피면 그 속에는 수많은 의문점이 숨어 있음을 알게 된다.

따뜻한 땅, 풍요로운 땅, 넓은 농토에 길다란 강줄기, 넓게 발달된 해안 등은 이 지방문화와 어떤 관계가 있을까?

藝를 아끼고 즐길 줄 아는 여유로움과 義를 중요시 하는 선비정신이 투철한 사람들이 모여 사는 이 고장의 기층문화는 어떠한가?

이런 자연환경과 인문적 환경에 의하여 이루어진 전남지방 사람들의 인성은 어떠한가?

과연 전남지방의 문화는 유배지의 한이 어려진 문화인가?

조선시대 사림들에 의하여 형성된 저항의식이 이 지방을 소외의 땅, 배척의 땅으로 만들었는가?

그렇다면 이러한 토양 위에서 형성된 문화, 특히 건축문화는 어떠한 성격을 지니는가?

이상과 같은 의문은 전남이라는 지역성과 관련하여 화두로 던져볼 수 있는 얘기거리이다. 이러한 화두거리들로 건축의 형성배경을 찾아보는 것은 무리일까?

또한 한편으로는 위와 반대의 입장, 즉 문화의 지역성을 인정하지 않고 중앙문화의 미세한 변형이라는 논거에서 지방문화를 소극적으로 볼

---

2) 이해준, 다시 쓰는 전라도 역사, 금호문화, 9쪽.

수 있는 관점도 있겠다. 그렇다면 상대적으로 결국 전남이란 하나의 행정적인 단위로 볼 수 밖에 없기 때문에 그 안에서 문화적 특성을 찾기 힘들다는 견해도 가능하다. 즉 이러한 행정상의 규약을 통하여 절대적인 문화의 특성을 요구한다는 것은 무리가 아닐 수 없다는 논거이다.

따라서 전남지방문화의 성격을 규명하고자 하는 노력은 좀 더 가까운 근사치를 향한 시도이고 모색일 뿐이지 절대적인 의미를 지닌 것이라고는 할 수 없겠다. 결국 전남의 전통문화란 넓은 의미로 한국전통문화의 지역적 소산이라고 볼 수 있기 때문에 이들은 어쩌면 한국전통문화의 미소한 변형에 불과할 지 모른다.

Ⅱ. 건축문화에 있어서 지역성

자기가 태어나서 자란 곳이나 자기가 현재 살고 있는 곳을 바라보는 살핌은 두 가지 대립된 입장에서 출발할 가능성이 많다. 즉 객관성이 결여된 상태에서 긍정적이거나 부정적인 관점이 대비적으로 나타날 수 있다는 것이다. 다소 편향된 입장에서 애증이 함께 할 수 있기 때문이고 이는 결국 아끼고 사랑한다는 공통적 심성에서 출발할 수 있다. 이를 지역에 대한 사랑과 관심이라고 하여도 좋을 것이고 건축에 나타난 지역성이라 할 수 있겠다.

우리가 얘기하고자 하는 건축의 지역성은 어떤 것인가? 건축에 있어서 지역성 혹은 지역주의는 1980년대에 비판적 지역주의(Critical Regionalism)라는 이름으로 K. Frampton에 의하여 새로운 논제로 등장하였다. 지역성은 토속건축과 상응하는 보편적 개념으로 이해되어 왔을 뿐만 아니라 지역주의적 태도는 모더니즘의 이념적 변종인 국제주의의 획일성에 저항하여 1950년대 부터 견지되어 온 건축적 태도이다. 지역주의의 속성은 지역의 전통적 건축성향을 바탕으로 이루어지는 가치체계로서 다른 여타의 건축사조에 대해 개방적인 태도를 취하는 것이라 할 수 있다. 즉 지역주의는 자신의 고유한 토대 위에 보편적 건축문화를 재해석하여 수용할 수 있다는 뜻이며 이러할 경우 지역주의자의 건축원리는 오직 장소성의 추구로서 변별될 수 있을 뿐이라는 의미가 된다.

해방이후 우리의 현대건축이 비롯되면서 세계건축의 근저를 이루는 기능주의적 모더니즘과 우리의 전통적 건축문화라는 두개의 명제가 겪은 갈등과 조화가 결국은 우리의 건축적 지역성을 배태시키는 출발이 아니었나 생각된다. 이는 다시 산업화가 추진되고 지방건축이 활기를 띠게 되자 점차 서울과 지방, 혹은 지역이라는 대응적 개념에서 상위와 하위의 대비로 지역건축 혹은 지방건축이 대두되었을 것이다. 의미상 지역은 지방과 구분되어야 한다. 그러나 우리에게 있어서 지역건축은 있는가? 아직 서울건축에 상대적 의미로 이해되는 지방건축은 있으나 지역건축은 없는 것 같다.

지역성은 자존과 자긍에 바탕을 둔 문화적 토양에서 도출된 결과들이 있어야 가능하다. 만약 없다면 나타날 가능성이라도 보여야 할 것이다. 값싼 상업주의적 이상들이 판을 치는 풍토에서 언제 주변을 돌아볼 여유가 있었겠는가? 자기가 서있는 땅과 문화와 사람을 이해하여야 하는데 이는 한낮 사치에 불과한 것이 아닌가? 즉 자연과 문화와 가치관을 이해하기에는 너무나 바빴고 전통성을 논하기에는 역부족이었다.

광주·전남을 얘기할때 흔히 예향이라 칭하고 이렇게 부름을 받으면 은근히 좋아한다. 광주·전남에는 지역건축이 있는가? 광주전남건축, 광주전남건축문화가 있는가? 지역의 건축문화를 선도할 건축가는 있는가? 가르침을 주는 참 스승은 있는가? 광주에는 무등산이 있고 충장로와 예술의 거리가 있으며 식영정과 소쇄원만이 있는 것이 아닌가? 왠 만한 이 지방사람 이면 지필묵을 들고 창을 하며, 어디에든지 글과 글씨와 그림을 볼 수 있는데 건축다운 건축은 과연 있는 것인가?

　그러나 미래는 우리에게 희망과 가능성을 예견한다. 다소는 회의적이고 비관적인 현상 인식 속에서도 희미한 가능성과 잉태되는 새싹을 감지하는 기대와 희망이 있다. 이제까지 소홀히 했던 우리와 주변문화에 대한 살핌이 있어야 하고 현재 우리의 위치를 확인하는 작업이 무엇보다도 필요하다. 자기 비판적 자세로 이제까지의 우리를 돌아보아야 한다. 덮어둔다고 모든 것이 치유되는 것이 아니다. 짧은 역사와 열악한 환경 속에서 잉태되어 자라온 건축문화를 인정하고 이해할 수밖에 없다. 그러나 정체되어 있거나 자기도취에 빠져 있을 수만은 없는 것이 아닌가! 이제 광주전남건축문화를 바라보는 장을 마련함은 미래로 향하는 우리가 되기 위함이다.

제2장
건축의 배경으로서 전남지방

전남문화의 근본 바탕은 백제문화라기 보다는 백제문화와 대립하면서 더 깊은 토착적 배경을 가졌던 마한의 문화라고 하는 것이 더 정확한 표현이다. 사실상, 이 지역의 고대문화는 바닷길과 밀접한 관련을 맺고 발전하였다. 이 바닷길은 오늘날의 철도교통이나 고속도로망과 같은 의미로 받아들여도 좋을 만큼 정치·경제·문화적으로 커다란 역할을 하였다. 또, 임진왜란의 격전지와 각 지역의 군사방위시설, 특히 전남의 서남해안 섬지역에 남아 전하는 다양한 민속문화들은 살아있는 박물관이라 할 수 있을 정도이다.

내륙의 깊숙한 골짜기와 평야지대보다 바다는 고대인들에게 더 많은 것을 가져다 줄 수 있는 문화전파 루트였고, 서남해와 인접된 수많은 섬들을 연결하는 바닷길, 그리고 이에 연결되면서 내륙의 혈맥이 되어 주는 영산강·섬진강·탐진강의 연안수로가 발달한 지역이다. 이 바닷길과 연안수로는 전남지역의 고대문화가 성장하는 기초배경이 되어 실제로 백제시대까지만 하여도 이 지역의 많은 군사의 행정중심지가 바닷길과 연한 곳에 위치하고 있었다.

일반적으로 전남이라 함은 한반도의 서남단에 위치하는 길로 동쪽으로는 섬진강과 소백산맥을 경계로 경상남도와 접하고 북쪽으로는 노령산맥을 경계로 전라북도와 인접한다. 물론 그 중앙에 광주광역시가 위치하고 있으나 과거의 전남지방에 속하였던 곳으로 이를 따로 구분하여 논할 필요는 없겠다.

전남은 기후가 따뜻하고 토지가 비옥하여 우리나라의 주된 곡창의 역할을 다하였으며, 예부터 인심 좋고 살기 좋은 곳이었다. 따라서 많은 선비와 문인을 배출했으며, 국가가 어려움에 처했을 때에는 가장 많은 의병이 나와 나라를 구하는데 앞장 선 충절의 고장이기도 하다.

그러나 정치적으로 중앙집권의 소외를 당하거나 오히려 유배지로서의 성격이 강하여 유배된 자들은 현실의 한을 時文과 이 지역 특유의 토속예술로 승화시켜 인생을 관조하였으니, 우리나라의 예술을 이해하려면 전라도를 이해해야 한다는 말까지 나오게 하였다.

또한 이 고장은 지리적으로 토지와 기후가 좋아 일찍부터 농경문화가 발달하여 마한과 백제의 문화적 배경을 가지고 있었다. 이는 서해와 면하여 대륙과의 교역이 용이하여 선진문화를 가장 먼저 받아들일 수 있었고, 근세 이후로는 정치적, 이념적 논쟁에 휘말려 유배된 학자들에 의한 은둔문화(隱遁文化)를 형성하기에 이르렀다. 또한 다도해의 연안이 가지는 서양문화의 일면도 가지고 있어 다양한 문화적 성향을 지녔다고 할 것이다.

Ⅰ. 호남의 지리적 특징과 자연환경

한 지역의 지리적 특징은 그 지역주민들에게 삶의 질과 수준을 결정해 주는 숙명적인 요소로 인식돼 왔다. 지리적 환경은 그 지역 주민에게 사회·문화·경제적 수준은 물론 정치적 결정에 이르기까지 지속적으로 영향을 준 것이 사실이다.

湖南은 동 으로는 소백산맥의 분수령을 경계로 영남지역과 접하며 서쪽으로는 황해를 건너 중국과 접하고 있다. 남으로는 다도해에 연해 태평양과 연결되고 북으로는 금강하류와 차령산맥의 소구릉에 의해 충청도와 접해 북부경계만이 자연적 장애가 없이 한반도의 북부와 연결된다. 호남과 대칭관계에 있는 영남지방은 소백산맥과 태백산맥의 울타리로 거의 완벽하게 타지역과 경계를 이뤄 구분되지만, 호남은 충청도와 자연·인문현상의 유사성이 많으며 역사적으로도 긴밀한 관계를 가지고 있다.

호남지역은 30%가 경지로 평야가 넓고 기후가 온난해 농업의 적지로 그 명성이 높았다. 또한 북부지역을 경유하지 않고 해로를 통해 직접 중국문화를 받아들여 고유문화를 창조했고 그 문화를 일본에 전수하기도 했던 곳이다.

전체적으로 호남의 지리적 위치는 지역방어나 외침이 유리한 반면 문화적·산업적 위상이 타 지역에 비해 뒤 떨어져 주민의 대부분이 보수적이고 변화에 민감하지 못했다. 20세기에 들어와 각 지역의 산업구조가 급격히 변화하는 과정에서 호남이 가장 느린 변화를 보인 것은 호남이 갖는 지리적 위치의 영향도 한 요인으로 작용했다. 끝으로 호남의 공간적 특성을 후손에게 어떤 모습으로 남길것인가 하는 문제는 오늘의 호남인이 고민해야 하는 당면과제이다.[1]

Ⅱ. 풍요로운 자연환경과 고대문화

전라도 하면 먹을 것이 많고 살기 좋은 땅이라는 인식이 일반적이다. 우선 기후가 그렇고 넓은 평야와 이를 살찌우는 강·하천의 발달, 여기

---

1) 신귀현, 호남의 지리적 특징과 자연환경, 제5회 향토문화연구 심포지엄, 1993.

에 대하여 넓은 바다와 개펄의 해산자원은 이 지방인들의 생활에 여유
를 부여하였다.

물론 이러한 자연환경과 풍요로운 물산은 이를 탐내고 빼앗으려는 외
적인 힘에 의해 표적이 되었음은 우리는 잘 기억한다. 그러나 아직 정복
전쟁과 정치지배구조가 확립되지 않았던 선사·고대사회에서 이러한
환경과 풍족한 물산은 그대로 이 고장사람들의 것이었으며, 오랜 기간
을 경과하면서 이로 말미암아 인성을 배태시켰다고도 할 수 있다. 「순한
」사람들, 「정」이 많은 사람들, 자연의 섭리에 가깝게 살아온 이 호남인
의 천성은 바로 이 같은 자연환경에서 비롯된 것이라고 보여지는 것이
다.

실제 선사시대의 이 지방에는 다른 어느 지역보다도 그 문화적 깊이
가 있는 주민들이 살고 있었다. 전국에서 가장 많은 지석묘의 분포나 그
들의 군집상은 바로 그러한 예증일 것이며, 이러한 문화의 배경에서 마
한세력도 생겨날 수 있었다고 할 수 있다. 그리고 호남의 역사기원은 백
제보다는 오히려 그에 의해 일부가 훼손된 이들 「마한문화」에서 찾아져
야 한다.

삼한 중에서 가장 문화적으로 앞서 있던 마한은 삼한의 마루 즉 으뜸
이었으며, 세력규모로도 마한에 소속된 부족국가가 54개국이었다고 하고,
읍락의 규모도 큰 경우는 1만여호, 작은 경우도 수천여호에 달한다고 하
였음은 그것을 말해준다. 한국고대사에서 삼한문화는 북방의 고조선 중
심문화와는 약간 성격을 달리하였고, 북방민족문화의 영향보다는 한민족
의 고유한 전통을 형성해 가면서 바다를 통한 중국과의 교류를 모색하는
단계까지 성장하고 있었다. 농경을 주된 생업의 수단으로 하던 이들의 문
화는 오랜 기간동안 독자성을 유지하여 왔고, 그것이 바탕이 되어 우리
민족문화의 뿌리가 되었던 것이며, 전라도지역은 바로 이러한 마한문화
의 중요한 하나의 거점이었던 것이다.[2)]

Ⅲ. 호남의 민속과 정신문화

인간의 인성을 파악하는 동양의 관점은 맹자의 사단론을 근간으로 한다. 맹자가 말한 인·의·예·지 는 개인적 차원의 심성연구지만 사회를 하나의 인격적 개체로 환원시켜 보면 한 사회의 집단적 인성, 즉 호남인의 집단인성의 해석이 가능하다.

호남인의 인성은 포용성, 의기, 순후성으로 대별된다. 이러한 호남인의 포용성은 강한 기질, 숫한 심성을 맹장의 사단론에 비춰볼 때 호남인은 인·의·예를 실천하는 인격으로 결론지을 수 있다. 따라서 호남인에게서 맹자의 4덕 중 智에 해당하는 인성을 찾기는 어렵다.

이러한 전제로부터 편의상 智 에 대한 반성과 義에 대한 반성 두 가지의 비판적 이해가 도출될 수 있다.

인성의 전체성 측면에서 맹자가 거론했던 인·의·예·지 중 호남인은 智를 갖추지 못했다. 맹자는 「是非之心 智之端」이라 했다. 시시비비는 인·의·예를 판단하고 실천하는 동력이다. 판단과 실천이 강조되는 유교적 윤리관은 그 만큼 智를 강조하는 사상이다.

흔히 호남인은 감정적이라는 말을 듣는다. 지적판단에 따른 실천보다는 생각에 앞서 행동부터 한다는 것이며 정에 지배되기 쉽다는 말이다. 균제되지 않는 힘이란 그것이 크면 클수록 위험하다. 호남인의 장점인 인·의·예가 진정한 장점이 되기 위해서는 智의 균제력이 뒷받침돼야 한다.[3]

---

2) 이해준, 전남지역의 역사·문화적 성격, 건축역사연구 6집, 1994.12.
3) 나경수, 호남의 민속과 정신문화, 제5회 향토문화연구 심포지움, 호남의 자
  연환경과 문화적 성격, 1993.

Ⅳ. 호남의 사상과 의식의 형성

한국민족문화는 삼국시대에 그 특성이 갖춰져 통일신라와 고려를 거치면서 오늘날에 이르는 문화적 전통을 이뤘다. 호남의 문화적 특징이나 사상, 의식을 연구할 때 백제문화가 중요한 것은 이러한 이유 때문이다.

강을 따라 평야지대로 이동하는 호남지역에서는 문화의 전파와 교류가 빈번하다. 호남으로 내려오는 이주민들은 큰 세력집단을 형성했고 우수한 기술문화를 가지고 등장했기 때문에 토착사회를 선도개발 시켰다. 대륙으로부터 선진문화를 정착시키고 확산하는 과정에서 호남지역은 개방적·진취적 의식을 성립시켰다.

고려시대 호남지역 사상형성에는 신라말, 고려초 선종의 성립과 조계종이 큰 영향을 미쳤다. 일상생활의 자기수양을 강조한 이러한 사상이 호남지역 의식형성을 크게 좌우했다.

또 실천수행을 중시하면서 교종사상을 융합하려 했던 교종의 실천윤리도 호남지역의식에 잠재하면서 생활에 활력을 불어넣었다.

조선시대 호남지역의 사상적 특징은 유학·성리학 성격과 연관지어 추출될 수 있다.

국가 위기상황마다 표출됐던 호남유림의 節義·救國정신은 조선후기 실학성립과 구한말 척사정신으로까지 이어져 있다. 호남실학은 당대 사회내부의 모순을 이끌어 내면서 개혁방향을 제시했고 한말 호남유학자들은 결의정신을 바탕으로 척사위정을 선도했다. 호남인의 의식속에 살아 숨쉬는 節義·救國정신은 우리 사회 동량으로서의 역할을 다해갈 것이다.

V. 건축을 결정하는
배경으로서 전남지방

흔히 건축은 그 사회의 여러 가지 현상을 나타내는 거울이라고 한다. 즉 사회의 복잡한 구성요소들이 총체적으로 건축이라는 집합체에 표출되어 나타난다는 의미이다. 다소 진부한 표현일지 모르나 종합적 유기체인 건축으로 과거와 현재의 사회적 현상을 파악할 수 있고 미래에 대한 예견 또한 가능하다는 것이다.

한 지역의 지리적 특징은 그 지역주민들에게 삶의 질과 수준을 결정해 주는 숙명적인 요소로 인식되고 있다. 지리적 환경은 그 지역 주민에게 사회·문화·경제적 수준은 물론 정치적 결정에 이르기까지 지속적으로 영향을 준 것이 사실이다.

전남지방은 전라도의 남쪽지방이다. 全羅道는 全州와 羅州에서 비롯된 말이다. 전라도와 비슷한 말은 湖南이다. 또한 호남을 南道라고도 한다. 전남은 호남의 안에 있고 호남보다 적은 권역을 나타내는 것은 당연하다. 호남이라는 뜻은 호수의 남쪽을 지칭하는 말로 호수가 제천의 의림지나 錦江, 또는 김제의 벽골제를 지시하는 말이라는 상반된 주장이 있으나 일반적으로는 김제 벽골제를 지칭한다.4) 嶺南이 소백산맥의 준령인 조령의 남쪽이라는 말과 같은 맥락에서 비롯된다. 이러한 용어에 굳이 얽매일 것이 아니라 그와 인접한 지역명과 관련지어 호남의 경역을 설정해보면 충청남도 일부와 전남 북 일원을 일컫는 자연 지리적 명칭이거나 행정적인 단위로 전라남·북도를 지칭한다고 보아야 할 것이다.

전남보다 더 넓은 지역적 영역인 湖南지방은 동쪽으로는 백두대간의

---

4) 여기에서 호수가 어딘지에 대하여 여러 가지 설이 있으나, 畿湖, 湖中, 湖西 지방과 분기가 되는 특정지형지물을 가리키는 것임은 확실하다.

분수령을 경계로 영남지역과 접하며 서쪽으로는 서해를 건너 중국과 접하고 있다. 남으로는 다도해에 연해 태평양과 연결되고 북으로는 금강 하류와 차령산맥의 소구릉에 의해 충청도와 접해 북부경계만이 자연적 장애가 없이 한반도의 중북부와 연결된다.

호남과 대칭관계에 있는 영남지역은 백두대간, 낙동정맥, 낙남정맥의 울타리로 거의 완벽하게 타지역과 경계를 이뤄 구분되지만, 호남은 충청도와 자연적이고 인문적 현상에서 유사성이 많으며 역사적으로도 긴밀한 관계를 가지고 있다.

일반적으로 호남의 일부분으로서 全南이라 함은 한반도의 南西端에 위치하는 지역으로 동쪽으로는 섬진강과 백두대간을 경계로 경상남도와 접하고 북쪽으로는 노령산맥을 경계로 전라북도와 인접한다. 물론 그 중앙에 광주광역시가 위치하고 있으나 과거 전남지역에 속하였던 곳이기 때문에 이를 따로 구분하여 논할 필요는 없겠다.

자고로 전남지방은 기후가 따뜻하고 넓은 토지가 비옥하여 일찍부터 농업의 적지로 농경문화가 발달하였으니 우리나라의 주된 穀倉의 역할을 다하였다. 또한 다도해와 발달한 해안이 지니는 따뜻하고 풍요로운 해양문화의 일면도 있어 다양한 문화적 성향을 가지고 있다 할 것이다. 또한 이 지방은 역사적으로 馬韓과 百濟의 옛터로 아름다운 문화적 배경을 가지고 있다. 이는 西海와 면하여 한반도의 북부를 육로로 경유하지 않고 해로를 통해 대륙과의 교역이 용이하여 중국의 선진문화를 가장 먼저 받아들일 수 있었고 이웃나라인 일본에 많은 문화를 전파한 긍지를 가지고 있다.

따라서 옛부터 풍요롭고 인심이 좋아 살기 좋은 곳으로 많은 선비와 문인을 배출했으며, 국가가 어려움에 처했을 때에는 義로운 사람들이 많이 나와 나라를 구하는 데 앞장 선 忠節의 고장이기도 하다.

그러나 조선시대라 할 수 있는 근세에 들어서면 그 정서적 배경은 정치적으로 중앙집권의 변방으로 소외를 당하거나 수탈로부터의 핍박과 저항을 체험하였으며 오히려 유배지로서의 성격이 강하여 유배된 자들은 현실의 한을 詩文과 이 지역 특유의 土俗藝術로 승화시켜 인생을 관조하였으니, 우리나라의 예술을 이해하려면 전라도를 이해해야 한다는 말까지 나오게 하였다. 이는 근세이후 정치적, 이념적 논쟁에 휘말려 세속적 염원을 버리거나 유배된 학자들에 의한 은둔문화를 형성하기에 이르렀던 까닭일 것이다.

또한 일제에 항거하는 광주학생운동이나 군사독재정권에 항쟁하는 절의정신은 이 지역인들의 심성을 잘 나타내주고 있으나 오히려 근래에 들어 정치집단에 의하여 야기된 호남인에 대한 편향적이고 부정적인 시각은 이 지역의 아픔으로 남아 있다.

전체적으로 호남의 지리적 위치는 지역방어나 외침이 유리한 반면 문화적·산업적 자극이 타 지역에 비해 적어 주민의 대부분이 보수적이고 변화에 민감하지 못했다. 20세기 들어와 각 지역의 산업구조가 급격히 변화하는 과정에서 호남이 가장 느린 변화를 보인 것은 호남이 갖는 지리적 위치의 영향도 한 요인으로 작용했다고 보는 의견[5]도 있다.

전남지방은 북으로는 노령산맥에 의하여 전북지역과 경계를 이루고, 동쪽은 백두대간과 섬진강에 의하여 영남지역과 경계를 짓고 있어 자연조건에 의하여 구획된 한 지역의 의미를 가질지 모르나 결국 하나의 행정상의 단위로서 의미가 오히려 강조된 것이라 하겠다.

전남지방전통건축의 특성고찰을 위하여 구획이라는 의미에 집착하지 않고 전통건축의 본질적 의미구현이라는 좀 더 가까운 근사치를 향한 노력이고 모색일 뿐이지 절대적인 의미를 지닌 것이라고는 할 수 없겠다. 그렇게 보면 결국 전남의 전통건축이란 넓은 의미로 한국전통건축의 지역적 소산이라고 볼 수 있기 때문에 이들은 어쩌면 한국전통건축의 미소한 변형에 불과할지 모른다.

---

5) 신귀현, 호남의 지리적 특징과 자연환경, 제5회 향토문화연구 심포지움, 1993.

전통건축 유구들 중에서 住居建築 만이 반도의 남북기후 차이로 일본인 학자들에 의해서 한반도를 南鮮·中鮮·北鮮으로 나누고 전남지방을 南鮮型이라 분류하여 지역적 특성을 강조하였다. 또한 1960년대 이후 한국인 학자들에 의해 주거건축에 관한 보다 구체적이고 실증적인 연구결과가 많이 나오고 있다. 이들처럼 가족적이며 개인적인 생활공간을 이루는 주거건축에서는 지역에 따라 차이를 뚜렷이 느낄 수가 있다.

Ⅵ. 전남지방 전통주거건축의 특징[6)

전남지역은 건축문화재 가운데 특히 주거관련 문화재가 그 양과 질에 있어서 돋보인다. 남한 전체의 주거건축 문화유산의 절반이 경북지역에 몰려있다고 한다면 그 나머지의 다시 절반은 전남에 있다고 해도 과언이 아니다. 물론 이와 같은 평가를 받은 것은 단지 그 절대적인 수에 근거하는 것만은 아니다.

경북지역의 주거건축과 비교할 때 전남지역의 주거건축은 여러 가지 면에서 서로 비교되는 특성을 가지고 있다. 우선 경북지역의 주거건축은 'ㅁ자형주거'라고 통칭되는 조선중기의 사대부가 중심이 되며, 여기에 더해 태백산맥의 산곡(山谷) 사이에 자리한 양통집 계열의 집중식 주거가 또 다른 하나의 연구계열을 이루고 있다. 한편, 전남지역의 주거는 시기적으로는 조선후기, 계층적으로는 부농계층의 주거가 남아있는 건축문화재의 중심을 이루고 있고, 주거형태상으로도 형식성이 상대적으로 약한 ㅡ자형의 겹집이 분산 배치되어 있는 남부형 주거가 중심을 이루고 있다. 또한 경북지역의 양통집처럼 건축기술 및 양식적인 측면에서보다는 주거의 원형을 파악하거나 민속학적인 관심의 주 대상이 되는

---

6) 천득염, 전봉희, 한국의 건축문화재, 전남편, 기문당, 2002, 282~284쪽.

시원적 주거유형으로 부엌 앞에 모방이 달린 '모방형주거', 폐쇄성이 강한 마루방인 마래를 갖춘 '마래형주거' 및 부엌 건너편으로 방이 들어선 '중앙 부엌형 집' 등 도서 및 해안지역 특유의 주거형식들이 일찍부터 학계에 보고되어 관심을 끌고 있다. 이처럼 중상류주거와 서민의 주거형식에서 각각 경북지역과 전남지역은 서로 비교의 대상이 될 만한 짝을 가지고 있다. 다만, 건축문화재로의 지정은 양식적 판단을 우선하며, 또 시기적으로 앞선 것을 위주로 하기 때문에 지정된 건수에 있어서는 경북지역이 압도적인 우세를 보이게 된다.

먼저 사례가 많지 않은 전남지역의 ㅁ자형 주거로는 해남의 녹우당과 구례의 운조루를 들 수 있다.

<그림 2-1> 해남 녹우당

이들은 그 창건주가 각각 서울 및 경북 태생이며, 둘 다 오랜 관직생

활을 통해 다양한 지역적 경험을 쌓았다는 점을 고려할 때 이들이 창건한 ㅁ자형 주거가 전남지역의 지배적 건축형식은 물론 자생적 건축형식이라고 하기에도 곤란하다. 다만, 개별 건축으로서는 다른 어느 지방에 있는 고급 주거건축에 비해 전혀 손색이 없는 우리나라의 대표적인 주거건축 유산으로 높이 평가할 수 있는 것들이다.

전남지역의 주거건축은 역시 一자형의 살림채들이 지형에 따라 자연스럽게 배치된 분산형 주거가 대표적이다. 다만, 같은 一자형 집이라고 해도 그 단면방향의 분화·발전의 정도에 따라 홑집·퇴집·겹집·두줄백이집 등으로 구분 할 수 있는데, 조선후기 집들이 대부분인 지금의 문화재 주택들은 겹집화 경향을 보이고 있다.

〈그림 2-2〉 구례 온조루

겹집이란 구조골격은 전후로 툇간을 가진 전·후퇴집 혹은 전후좌우

로 모두 툇간을 가진 전후좌우 퇴집의 구조를
가지나, 실내공간의 사용에 있어서는 집의 일
부분 (대체로는 마지막칸)을 전후로 양분하여
상·하방을 두는 집을 말한다. 상·하방을 두
는 것은 전통적인 주거건축에서는 사용하지
않았던 것인데, 안채부의 생활공간에 대한 수
요가 급증하면서 실내공간을 보다 효율적으
로 사용하기 위하여 생겨난 변화로 보여진다.
이러한 겹집으로의 발전은 짧은 기간에 완성
된 것이 아니고, 조선후기에 들어 전후면의
툇간에 대한 다양한 활용방식이 시도되다가
대체로 19세기에 들어서면서 겹집이 만들어진
것으로 생각된다. 이와 같은 실내공간의 폭방
향 발달이 더 진행되면서 20세기 초반의 주거
들에서 보는 것처럼 후면의 툇간이 온칸과 같
거나 비슷한 규모로 커져서 대청 등을 제외한
온돌방 전체가 상·하방으로 구성되는 경우까
지로 발전하게 되는 예를 볼 수 있다. 지역에

〈그림 2-3〉 보성 이금재가옥

서는 이러한 집들도 겹집으로 통칭되나 평면계획상의 변화를 중시하여,
굳이 구분하자면 두줄백이집으로 부를 수 있을 것이다. 전남지역의 주거
건축을 답사하면서 그 툇간의 활용방식을 서로 비교해 보는 일은 매우
재미있는 일이다.

평면의 분화발전의 경로는 겹집화에 그치지 않는다. 보성의 이금재가
옥과 이용우가옥에서 보는 것처럼 전면에서 보았을 때는 一자형의 집으
로 보이지만 후면으로 돌출부를 가져 전체적으로는 요 자형의 평면을
가지게 되는 경우는 그 변화의 동기나 결과로 볼 때 매우 이색적인 사
례로 평가할 만하다.

〈그림 2-4〉 보성 이용우가옥

집이란 대체로 자기과시적인 수단으로 사용되는 값비싼 재화로 대대로 물려 사용하는 것이니 만큼, 보통의 경우 실제보다 과장하는 것이 상례이다. 이 경우는 오히려 외부에서 볼 때 실제보다도 작아 보이게 하는 것이 특이하다. 이와 비슷한 경우로 안채의 후면부, 혹은 상부의 다락 등을 이용하여 밖에서는 알 수 없는 비밀의 수장공간을 만드는 것도 근대기 전남지역의 집들에서 자주 발견된다. 이는 모두 풍부해진 경제력을 바탕으로 곡식이나 재화의 비밀 수납공간에 대한 수요가 늘어났기 때문에 생긴 일이고, 다른 한편으로는 동학운동 이후의 내외적으로 불안한 사회정세를 반영한 결과로 생각된다.

분산형 배치란 얼핏 원칙이 없어 보이지만, 사실은 보다 친자연적인 배치기법으로 앞으로 많은 각광을 받을 것이다. 이렇게 말 할 수 있는 것은 그것이 자연의 지세를 최대한 살리고 그 미세한 지세의 차이를 적극적으로 이용하기 때문이다. 대체적인 원칙은 전면에 사랑채를 두고 그와 나란하게 후면에 안채를 두는 것이 일반적이지만, 경우에 따라서는 좋은 향을 차지하기 위하여 혹은 지세의 경사를 이용하기 위하여 방향을 바꾸어 직각으로 배치하는 사례가 있으며, 또 사랑채와 안채를 옆으로 나란히 늘어놓는 배치형식도 발견된다. 이들 모두는 도면상의 도식적인 배치원칙을 따르기보다는 진입에서 방으로 이르는 사람의 실제 움직임상의 선후관계를 고려한 의식항의 배치원칙을 따르는 기법이라 할 수 있다. 따라서 결과적으로 매우 미세하게 조정된 특색 있는 외부공간을 만들어내는 경우를 종종 발견할 수 있는데, 이는 정형적인 배치에서는 찾기 힘든 것이다. 여러 가지 사례 가운데서도 영광에 있는 연안김씨 종가의 사당으로 이르는 집안의 골목은 그 백미라 할 만 하다.

채들의 배치가 자연스럽게 펼쳐져 있다보니, 축단과 기단 등의 높이 차와 담장, 굴뚝, 연못 등 인공적인 공간구서 요소를 적극적으로 이용한 외부공간의 구성이 돋보이는 것은 물론이다. 채를 감싸는 외부공간은 한없이 펼쳐지는 것이 아니라 때로는 축단으로 끊어지기도 하고 때로는 아름다운 화계나 담장을 두어 조경점을 만들기도 한다. 또 대개 부농의 집들이 많기 때문에 안채의 전면 혹은 측면에 농작업을 위한 너른 일마당을 마련하고, 집 앞에 계곡의 물을 끌어들여 연지를 구성하는 사례가 많이 발견되는 것도 전남지역 주거건축의 특징이다.

전남지역에는 이름난 씨족마을이 많다. 또 씨족마을은 아니더라도 낙안읍성과 같이 지역 전체가 전통문화재 보존지구로 지정된 곳도 있다. 농업을 주 산업으로 하는 전통사회

장흥 위계환가옥

장흥 위성룡가옥

장흥 위성탁가옥

〈그림 2-5〉 장흥 방촌마을

에서 생산활동을 포함하는 온전한 주 생활이란 하나의 집안으로 한정되지 않으며 최소한 마을을 단위로 해서 일어난다. 따라서 우리가 집을 온전하게 이해하기 위해서는 그 집이 속해있는 마을을 함께 보는 것이 필요하다. 부분을 통해서 전체를 보고 또 전체의 눈으로 부분을 보는 것이 필요한 것이다. 전남지역에 있는 마을 가운데 지금까지 학계에 보고되어 있는 곳으로는 장흥의 방촌마을(위계환가옥, 위성룡가옥, 위성탁가

이금재가옥

이식래가옥

이용욱가옥

〈그림 2-6〉 보성 강골마을

옥), 보성의 강골마을(이금재가옥, 이식래가옥, 이용욱가옥, 열화정) 나주의 홈실마을 (홍기헌가옥, 홍기창가옥, 홍기응가옥), 화순의 월곡마을(양승수가옥, 양동호가옥), 구례의 상사마을, 진도 세등마을, 순천 낙안읍성, 진도 남도석성 등이 있다. 또 아직 전체 배치도 등이 나와 있지 않지만 창평의 고재선 가옥이 있는 삼천리 일대, 영암의 최성호가옥이 있는 영보리 일대, 보성의 이용우가옥과 이종선가옥, 이범재가옥이 있는 옥암리 예동마을 등이 모두 전통적인 마을 경관을 잘 보존하고 있는 곳이다. 이들은 낙안 및 남도의 성내마을을 제외하면 모두 같은 조상의 자손들이 자작하여 일촌을 이룬 씨족마을로서, 지연적 관계에 더하여 혈연적 결속이 마을 구성원들을 강하게 구속함으로써 외부환경의 변화에 대하여 공동으로 대처하고 숭조(崇祖)의 개념이 강하여 근대적 개변을 꺼려하였기 때문에 지금과 같이 전통적인 환경을 잘 보호할 수 있었던 것으로 보인다. 그런 점을 감안하더라도 이와 같은 숫자는, 이웃한 전북지역에 비해서도 매우 많은 빈도를 보이는 것으로, 근대화 시기에 개발축을 이루었던 주요 간선도로망에서 벗어나 상대적으로 개발의 손길을 피할 수 있었던 것도 요인의 하나라고 말할 수 있을 것이다.

씨족마을 내부에 있는 집들은 가구주의 혈연적 근친성에 못지 않게 각 집들 사이에도 형태적 유사성을 갖는다. 그것은 이들의 마을이 입향조 이래 분가에 의하여 이루어진 마을로서, 종가에서의 건축적 경험이

지가로 그대로 이어졌기 때문이다. 경우에 따라서는 해남의 녹우당과 윤두서가옥 및 윤탁가옥에서 보는 바와 같이, 또 보성의 이용우가옥과 이금재가옥에서 보는 것과 같이, 거리가 상당히 떨어진 곳에 있더라도 건축주 간의 혈연적 관계에 의하여 두 집이 매우 유사한 형태적 특성을 갖는 것도 흥미롭게 보인다. 따라서 주거건축의 계통을 연구하는 데에는 지역적인 차이, 시기적인 차이에 못지 않게 가구주의 가족 내력을 살펴볼 필요성이 있는 것이다. 이러한 점에서 구례 운조루의 조영 경위를 살필 수 있는 창건주 유이주의 일기와 녹우당 관련의 기사를 추적할 수 있는 고산 윤선도 및 공재 윤두서의 행장(行狀)은 건축사를 연구하는데 중요한 자료가 된다.

홍기헌가옥

홍기응가옥

〈그림 2-7〉 나주 도래마을

서두에서 밝힌 바와 같이 전남지역은 우리나라 주거건축문화의 보고이다. 특히 18세기 후반 이후의 한옥의 변화상을 시기적으로 분별하여 고찰하는데 있어 전남지역 일원에 분포하는 각 집들은 매우 중요한 자료를 제공한다. 그렇다면 전남지역의 주거가 특별히 이 시기(조선 후기 이후)에 풍부한 자료를 남기고 있는 것은 무엇 때문일까? 거꾸로 18세기 이전의 자료는 왜 희귀한 것일까? 우선은 우리나라 전체를 보더라도 18세기 이전의 주거건축의 자료가 그리 많지 않다는 점을 들 수 있겠지만,

그렇다고 하더라도 전남지역의 19세기 이후 주거건축의 자료가 여타의 지역에 비하여 상대적으로 풍부한 사실은 설명하지 못한다.

이것은 분명 18세기 이후의 해안 개발과 관련이 있다. 또 해안 개발까지 가지는 않더라도 바닷가에 인접하여 표고가 낮고 경사가 완만 저평지 들판이 전남지역에 많이 발달해 있다는 점도 고려해야 한다. 논농사의 기술적 핵심은 농업용수의 확보에 있으며, 조선 전기에는 용수의 조절이 상대적으로 쉬운 계곡이 개발되었고, 후기로 갈수록 저평지로 확대되어 간다. 때문에 조선 전기 산업, 즉 농업의 중심은 경북지역에 많이 있는 계변에 집중되었으며, 후기로 가면서 해안지방으로 확산되어 간다고 볼 수 있는 것이다. 그리하여 조선말에 이르면, 전체적인 면적에서는 영남의 절반을 조금 넘는 호남지역이지만 쌀 생산량이 영남의 그것과 같은 정도에 이르게 된다.

양승수가옥

양동호가옥

〈그림 2-8〉 화순 월곡마을

이는 농경지의 상대적 집중도를 의미하는 것이며 부농계층의 출현을 마련하는 경제적 토대가 된다. 우리는 전남지역의 주거건축을 보면서 이러한 점을 미리 생각해야 하며, 왜 전남지역에는 경북지역과 같은 ㅁ자형의 주거가 없는지, 조선 중기의 유적을 찾기 힘든지에 대한 암시를 구할 수 있다.

제3장
전통주거건축 구성요소

Ⅰ. 집터잡기[占地][1]

　한국의 전통건축은 주변의 자연환경과 너무나 잘 조화를 이룬다. 특히 풍수지리설은 우리의 전통주거에 있어서 정신적 주축을 이루며 이론적 체계가 뒷받침이 되고 있다. 전남지방의 班家 중에서 구례 운조루는 그 집터가 金環落地라 하여 우리나라에서 유명한 명당자리로 불려져 오고 있다. 또한 대부분의 주거의 좌향은 子坐午向으로 남북선상에 주축을 설정하고 남쪽을 향하여 배치되고 있다. 특히 풍수에서 말하는 좌청룡, 우백호, 남주작, 북현무라는 局을 이루고 있다. 뒤편에는 높은 산이 맥을 이루며 좌우를 멀리 둘러싸고 좌측에 川이 흐르고 우측에 길이 넓은 농토와 좁지 않은 水口가 있어야 좋은 위치로 하였다. 그러나 이처럼 좋은 위치가 점지되지 않았을 때는 우선적으로 좌향에 관계없이 背山하고 臨水하도록 하여 산을 등지고 물이 있는 앞이 시원히 터진 곳을 골라 위치하였다.

　전남지방에는 이름난 씨족마을이 많다. 또 씨족마을은 아니더라도 낙안읍성과 같이 지역 전체가 전통문화재 보존지구로 지정된 곳도 있다.

---

1) 천득염, 전남지방의 전통건축, 김향문화재단, 1990.12, 43쪽.

농업을 주 산업으로 하는 전통사회에서 생산활동을 포함하는 온전한 주생활이란 하나의 집안으로 한정되지 않으며 최소한 마을을 함께 보아야 할 것이다. 전남지역에 있는 마을 가운데 지금까지 학계에 보고 되어 있는 곳으로는 장흥의 방촌마을(위계환, 위성룡, 위성탁가옥), 보성의 강골마을 (이금재, 이식래, 이용욱, 열화정), 나주의 홈실마을(홍기헌, 홍기창, 홍기응가옥) 화순의 월곡마을(양승수, 양동호가옥), 구례의 상사마을, 진도 세등마을, 순천 낙안읍성, 진도 남도석성 등이 있다. 또 창평의 고재선가옥이 있는 삼천리 일대, 영암의 최성호가옥이 있는 영보리 일대, 보성의 이용우가옥과 이종선가옥, 이범재가옥이 있는 옥암리 예동마을 등이 모두 전통적인 마을 경관을 잘 보존하고 있는 곳이다. 이들은 낙안 및 남도의 성내마을을 제외하면 모두 같은 조상의 자손들이 자작하여 일촌을 이룬 씨족마을로서, 지연적 관계에 더하여 혈연적 결속이 마을 구성원들을 강하게 구속함으로써 외부환경의 변화에 대하여 공동으로 대처하고 숭조의 개념이 강하여 근대적 개변을 꺼려하였기 때문에 지금과 같이 전통적인 환경을 잘 보호할 수 있었던 것으로 보인다. 그런 점을 감안하더라도 이와 같은 숫자는 이웃한 전북지역에 비해서도 매우 많은 빈도를 보이는 것으로, 근대화 시기에 개발축을 이루었던 주요 간선도로망에서 벗어나 상대적으로 개발의 손길을 피할 수 있었던 것도 요인의 하나라고 말할 수 있을 것이다.

씨족마을 내부에 있는 집들은 가구주의 혈연적 근친성에 못지 않게 각 집들 사이에도 형태적 유사성을 갖는다. 그것은 이들의 마을이 입향조 이래 분가에 의하여 이루어진 마을로서, 종가에서의 건축적 경험이 지가로 그대로 이어졌기 때문이다. 경우에 따라서는 해남의 녹우당과 윤두서가옥 및 윤탁가옥에서 보는 바와 같이, 또 보성의 이용우가옥과 이금재가옥에서 보는 것과 같이, 거리가 상당히 떨어진 곳에 있더라도 건축주 간의 혈연적 관계에 의하여 두 집이 매우 유사한 형태적 특성을 갖는 것도 흥미롭게 보인다. 따라서 주거건축의 계통을 연구하는 데에는 지역적인 차이, 시기적인 차이에 못지 않게 가구주의 가족 내력을 살펴볼 필요성이 있는 것이다. 이러한 점에서 구례운조루의 조영 경위를 살필수 있는 창건주 유이주의 일기와 녹우당 관련의 기사를 추적할 수 있는 고산 윤선도 및 공재 윤두서의 행장은 건축사를 연구하는데 중요한 자료가 된다.

Ⅱ. 좌 향[坐向]

집을 앉히는 방법은 자연환경으로서 좌위(坐位)와 향위(向位) 및 방위를 살펴보며, 인문환경으로서 다른 집과의 관계를 고려한다.

좌향은 건물이 등을 지고 앉은 좌와, 바라보는 향을 향하여 말하는 것으로 일반적으로는 일직선상에 놓이지만 반드시 그렇지는 않다. 왜냐하면 곱은자집인 경우 "좌"와 "향"을 따로 볼 수 있기 때문이다.

"좌"란 기대는 것이므로 편안한 안정감을 요구한다. 뒷산은 위협을 주지 않는 나지막한 토형을 가장 좋은 것으로 여기며, 뒷산의 경사가 완만하면 집을 산자락에 바짝 붙이고, 급하면 산자락에서 떨어지게 한다.

"향"은 집안의 축이 무엇을 바라보고 있느냐 하는 것으로서, 마음의 중심상이며 보는 이의 심상을 좌우하는 중요한 조형적 요소로 바라보아야 하고, 방위는 단순히 해에 따라 결정되는 요소로서 햇볕이 잘 드는 곳에 자리 잡아야 된다고, 김홍식 교수는 한국의 민가라는 책에서 설명하고 있다.[2]

또한 일반적으로 지역을 나누어 방위를 살펴보면 내륙지방이나 해안지방에서는 좌향이 절대방향의 개념에서 동남, 동서향에 걸친, 즉 북향을 끼지 않는 방위를 볼 수 있으나 산간지방에서는 남향을 선호하는 일반적

---

2) 김홍식, 한국의 민가, 한길사, 1992.2.

인 배치에 관계없이 심지어 북향쪽에 가까운 방위도 발견된다고 한다.

이는 내륙지방이나 해안지방은 주택을 세울 마땅한 집터가 많음에 비하여, 산간지방은 취락의 입지조건상 많은 제약을 받고 있기 때문이다. 즉 전저후고(前低後高)의 지형을 찾아 등고선과 평행하는 지세에 일치하려는 의도였음을 볼 수 있고, 또한 전해 내려오는 배산임수(背山臨水)의 원칙에 입각하여 주택을 배치시켜 생활하기 편리한 좌향을 택한 것으로 보인다.3)

Ⅲ. 채[棟]의 구성

조선조 중·상류 주택은 영역의 분할에 의해 공간이 형성되는데 크게 안채를 중심으로 한 여성의 영역과 사랑채를 중심으로 한 남성의 영역으로 분할되어 남녀유별의 뚜렷한 생활 방식이 나타나게 된다.

가옥별 채(棟)배치 구성 요소를 분류해 보면, 안채, 사랑채, 사당, 별당채, 행랑채, 부속채 등 총 6가지의 채(棟)로 구분된다.

단, 행랑채란 주택에서 대문간의 좌우, 또는 그 앞에 둘러 세운 부속 집채라는 용어 정의에 따라 문간채와 중문간 채를 행랑채에 포함시켰다.

부속채4)는 주된 건물에 부속되는 건물로서 따로 지은 집채, 한 대지 내에 위치해야 하거나 주 건물의 운영에 필요한 적절한 규모의 건축물이다.

안채는 안주인과 여자들이 기거하는 폐쇄적인 공간으로 외부인이 접근하는 것과 시선이 안채로 향하는 것을 막기 위해 단차를 두거나 내담

---

3) 천득염, 전남지방의 전통건축, 김향문화재단, 1990.12, 47쪽.
4) 관리사, 곳간채, 헛간채, 대문, 중문, 협문, 화장실 등을 포함하여 부속채 라고 부르고 있다.

을 쌓아 경계를 두고 협문이나 중문을 통해 왕래가 이루어지게 하였다.

사랑채는 남성들이 기거하는 개방적인 공간으로 접객이나 문객들이 드나들며 담소를 나누거나, 손님이 찾아 왔을 때 쉬어가는 동적인 공간으로 사용되었다.

별당채는 주요 몸채에서 따로 떨어져 지은 집채를 말하는 것으로 거처할 수 있는 방이 별도로 마련되어 있어 손님이 찾아왔을 경우나, 가족 수의 증가시 거처할 수 있는 공간으로 사용되고 있다.

사당은 죽은자와 산자가 공존하는 공간으로 사당의 위치는 정침의 동쪽으로 배치 시켜며, 출입문에서 가장 멀리 배치함으로써 독립성을 유지하는 공간이다.

이 외의 다른 공간인 행랑채나 부속채는 하인들이 기거하거나, 수장물을 보관하기 위해 안채나 사랑채 주위에 필요에 따라 덧대어 증축하기도 하고, 채를 따로 건립하여 사용하였다.

이렇듯 한 주거 내 에 안채, 사랑채, 별당채, 등의 채 분화가 일어나는 것은 조선시대의 가부장적 대가족 제도가 주택건축에 커다란 영향을 미치기 때문이다. 대가(大家)에서는 여러 세대가 같은 주택에 거주하게 되어 주택의 규모가 컸고 이들을 위한 건축공간이 필요하게 되어 채 분화가 이루어 진 것으로 보인다.

넓은 대지에 건물이 배치될 때는 채(棟)와 채 사이에 어떤 질서가 있게 마련이다. 이 지역의 주거건축에서 나타난 채의 구성형태는 퍽이나 다양하다. 가장 많은 경우가 ㄷ자형 또는 二자형인데 이는 안채 앞에 안마당을 두고 그 앞에 다시 사랑채를 둔 형태로 두 건물 상호간에는 좌우측 어느 한 쪽이 건물로 막혀있거나 개방되어 있는 모습이다. 대표적인 예로는 나주 박경중가옥, 장흥 위성탁가옥, 무안 나상열가옥 등이다.

ㄱ자형, 즉 직교형은 안채에 직각방향으로 부속채가 직접 연결되거나 약간의 공간을 두고 꺾여 있는 모습이다. 이러한 건물의 배치형식은 여러 개의 동이 있는 班家形 주거에서 다소 보기 드문 형식이나 ㄱ자형의

민가배치형태가 이 지역에서 많은 것에 비하면 비교가 되는 현상이라 하겠다.

사례가 많지 않은 전남지역의 ㅁ자형 주거로는 해남의 녹우당과 구례의 운조루를 들 수 있다.

ㅁ자형은 안채와 사랑채, 혹은 중문간채가 병렬로 배치되고 좌우의 빈 공간을 다른 용도의 건물로 배치되는 형식을 말한다. 사랑채, 안채, 주요 부속채가 한 몸채로 구성되어 있으며 안마당이 건물로 둘러싸여 외부공간이면서 내부공간적인 기능을 하고 있다. 폐쇄성이 강한 이 형식은 조선시대 양반주택의 전형적인 형태로 서울·경기지역에 집중되어 경기, 충청, 영남 북부지역에서는 흔한 모습이지만 이 지역에는 소수로서, 이들의 창건주는 각각 서울 및 경북 태생이며, 오랜 관직생활을 통해 다양한 지역적 경험을 배경으로, 전남지역의 지배적 건축형식이 아닌 개별 건축으로서 다른 어느 지방에 있는 고급 주거건축에 비해 전혀 손색이 없는 우리나라의 대표적인 주거건축 유산으로 높이 평가할 수 있는 것들이다.

一자형, 즉 직렬형은 안채와 부속채를 나란히 배치한 형식이다. 이 형식은 안채와 사랑채를 영역적으로 분리하여 담장으로 막아놓고 조그마한 협문으로 상호 연결하게 하며 각기 다른 출입구를 두고 있다. 따라서 현재는 안채와 사랑채에 서로 다른 세대가 주거생활을 하는 경우도 있다. 대표적인 예는 영암 현종식가옥, 해남 정명식가옥, 화순 양승수가옥 등이다.

전남지역의 주거건축은 역시 一자형의 살림채들이 지형에 따라 자연스럽게 배치된 분산형 주거가 대표적이다.

분산형 배치란 얼핏 원칙이 없어 보이지만, 사실은 보다 친자연적인 배치기법 이다. 이것은 자연의 지세를 최대한 살리고 그 미세한 지세의 차이를 적극적으로 이용하기 때문이다. 대체적인 원칙은 전면에 사랑채를 두고 그와 나란하게 후면에 안채를 두는 것이 일반적이지만, 경우에 따라서는 좋은 향을 차지하기 위하여, 혹은 지세의 경사를 이용하기 위하여 방향을 바꾸어 직각으로 배치하는 사례가 있으며, 또 사랑채와 안채를 옆으로 나란히 늘어놓는 배치형식도 발견된다. 이들 모두는 도면상의 도식적인 배치원칙을 따르기보다는 진입에서 방으로 이르는 사람의 실제 움직임상의 선후관계를 고려한 의식상의 배치원칙을 따르는 기법이라 할 수 있다. 따라서 결과적으로 매우 미세하게 조정된 특색 있는 외부공간을 만들어내는 경우를 종종 발견할 수 있는데, 이는 정형적인 배치에서는 찾기 힘든 것이다. 여러 사례 가운데서도 영광에 있는 연안 김씨 종가의 사당으로 이르는 집안의 골목은 그 백미라 할 만하다. 채들의 배치가 자연스럽게 펼쳐져 있다보니, 축단과 기단 등의 높이 차와 담장, 굴뚝, 연못 등 인공적인 공간구성 요소를 적극적으로 이용한 외부공간의 구성이 돋보이는 것은 물론이다. 채를 감싸는 외부공간은 한없이 펼쳐지는 것이 아니라 때로는 축단으로 끊어지기도 하고 때로는 아름다운 화계나 담장을 두어 조경점을 만들기도 한다. 또 대개 부농의 집들이 많기 때문에 안채의 전면 혹은 측면에 농작업을 위한 너른 일마당을 마련하고, 집 앞에 계곡의 물을 끌어들여 연지를 구성하는 사례가 많이 발견되는 것도 전남지역 주거건축의 특징이다.

이러한 양반 가옥과는 달리 민가는 규모가 작고 초라하지만, 우리 선조들의 땀과 애환이 깃들인 곳이기 때문에 우리에게는 더욱 친밀함을 준다. 서민들은 신분상으로나 경제적으로 빈곤하여 자연히 주거의 모습도 중인이나 양반들의 주거보다 빈약하다. 또한 민가의 주거형태가 가장 지역성을 잘 나타내주며, 그 지역의 자연환경에 적합한 형태로 나타나고 있다. 전남지역의 민가를 평면유형별로 분류하면 거의 대부분이 一자형이나 신안도서지방의 까작집형이 예외적으로 나타나며 측면방향의 가구구조에 따른 구분은 홑집형, 퇴집, 두줄백이집, 겹집형으로 나눌 수 있는데, 조선 후기 집들이 대부분인 지금의 문화재 주택들은 겹집화 경향을 보이고 있다.

겹집이란 구조골격은 전후로 툇간을 가진 전·후퇴집 혹은 전후좌우로 모두 툇간을 가진 전후좌우 퇴집의 구조를 가지나, 실내공간의 사용에 있어서는 집의 일부분(대체로는 마지막칸)을 전후로 양분하여 상·하방을 두는 집을 말한다. 상·하방을 두는 것은 전통적인 주거건축에서는 사용하지 않았던 것인데, 안채부의 생활공간에 대한 수요가 급증하면서 실내공간을 보다 효율적으로 사용하기 위하여 생겨난 변화로 보여진다. 이러한 겹집으로의 발전은 짧은 기간에 완성된 것이 아니고, 조선 후기에 들어 전후면의 툇간에 대한 다양한 활용방식이 시도되다가 대체로 19세기에 들어서면서 겹집이 만들어진 것으로 생각된다. 이와 같은 실내공간의 폭 방향 발달이 더 진행되면서 20세기 초반의 주거들에서 보는 것처럼 후면의 툇간이 온 칸과 같거나 비슷한 규모로 커져서 대청 등을 제외한 온돌방 전체가 상·하방으로 구성되는 경우까지로 발전하게 되는 예를 볼 수 있다. 지역에서는 이러한 집들도 겹집으로 통칭되나 평면계획상의 변화를 중시하여, 굳이 구분하자면 두줄백이집으로 부를 수 있을 것이다.

보성의 이금재가옥과 이용우가옥에서 보는 것처럼 전면에서 보았을 때는 一자형의 집으로 보이지만 후면으로 돌출부를 가져 전체적으로는 요자형의 평면을 가지게 되는 경우는 매우 이색적인 사례이다. 집이란 대체로 자기과시적인 수단으로 사용되는 값비싼 재화로 ,보통의 경우 실제보다 과장하는 것이 사례이다. 그러나, 이 경우는 오히려 외부에서 볼 때 실제보다도 작아 보이게 하는 것이 특이하다. 이와 비슷한 경우로 안채의 후면부, 혹은 상부의 다락 등을 이용하여 밖에서는 알 수 없는 비밀의 수장공간 을 만드는 것도 근대기 전남지역의 집들에서 자주 발견된다. 이는 모두 풍부해진 경제력을 바탕으로 곡식이나 재화의 비밀 수납공간에 대한 수요가 늘어났기 때문이고, 그 당시의 내외적으로 불안한 사회정세를 반영한 결과로 볼 수 있다.

홑집형은 나주, 영광 등 내륙지역 민가의 70%를 차지하고 있으며 4칸과 5칸 사이의 집이 가장 많이 전 지역에서 고루 분포되어 이 지역 민가의 일반적인 평면유형임을 알 수 있다. 내륙지역에서는 부분적으로 까작집형과 겹집형도 발견할 수 있다. 겹집형은 구례, 화순, 승주 등의 산간지역, 특히 표고가 높은 곳에서 많이 나타나는 형식으로 이 지역 민가 중 60% 이상을 차지하고 있으며 이들은 대부분 부엌, 방, 방의 3칸 겹집으로 나타나고 있다.

까작집은 전남의 서남부 도서해안지역에서 나타나는 형태로 모방이라는 작은 방이 평면의 끝, 부엌의 앞쪽에서 조그맣게 부엌과 병렬로 배치되어 본채의 전면보다 약간 튀어나온 형태를 말하는데 이 까작집형은 대상지역 민가의 90%이상을 차지하고 있으며 이들은 대부분 4칸으로 되어 있다. 이러한 까작집형은 영암의 월출산주변에서도 나타나고 있어 내륙에서 도서와 산간의 양쪽으로 영향을 주었는지, 아니면 그 반대인지, 혹은 자생적인 형태인지는 알 수 없으나 무척 흥미있는 현상이라고 할 수 있겠다.

IV. 마 당

상류주택은 안채, 사랑채, 행랑채, 별당채, 사당 등의 각종 건축물과 이를 둘러싼 담장, 벽, 대문 등으로 구분되는 각종 마당이 구성된다.

조선시대 주택에서 마당은 항상 내부 공간을 보완하는 반 내부적 성격을 갖는다. 또한 마당은 건물의 기능을 보충하며 생활의 편리를 도모하고 건물을 보호한다. 즉, 통로의 역할도 하며, 채광, 통풍, 작업, 생산, 공간구획, 의식 등의 목적으로 사용된다.[5]

---

5) 김진균, 조선시대 상류주택공간의 시각구조에 관한 연구, 서울시립대 박사학위논문, 1993, 155쪽.

마당의 형성과정에 의해 나누면 건축물에 의해서 발생하는 안마당, 사랑마당, 행랑마당, 별당마당 사당마당 뒷마당 등으로 분화되어 나타난다.

마당과 건물을 서로 대비하여 볼 때 하인들의 거주지와 활동을 포용하고 공간의 위계를 높여주는 행랑마당과 행랑채와의 대비, 주인의 거실, 서재 및 접객공간을 보완해 주는 사랑마당은 사랑채와 대비되면서 비교적 개방적이다. 특히 지방 토호에 있어서 사랑마당은 그 동네의 공공 SPACE로서 중심이다. 사랑마당은 평면적 공간을 강조하면서도 다분히 정원적인 성격을 가지며 인위적인 손질이 많이 가하여 진다. 사랑마당의 규모에 의해 그 집의 권위와 사회적 위치를 나타내므로 가장 신경을 많이 쓰는 외부공간이다.

주부와 가사생활의 중심지로 내적 생활공간을 포용하는 앞마당은 안채와의 대비를 이루는 또 하나의 정적공간이다. 대개 중정 형식으로 건물에 둘러싸이며 안채의 통풍과 채광을 하며, 관혼상제의 의식장으로 안마당의 용도와 기능은 중요하다.

뒷마당은 안마당과 부엌을 연결하는 집안의 작업공간으로 장독대와 우물이 있다.

별당 마당은 별당과 짝을 이루어 별당의 성격을 보완하며 다분히 정원적이고 은밀하다.

사당마당은 유교의 조상숭배 사상에서 영향을 받아 형성된 장소로서 사당 주위를 크지 않는 낮은 담으로 둘러쌓아 가장 신성한 공간으로 남겨 놓는다.

이렇게 여러 종류의 분화된 마당은 공적인 영역에서 신성한 곳으로 체계 있는 변화를 하며 짜여져 있다. 규모로 보나 구성상의 특징으로 보아 우리의 선조들은 막힌 공간, 웅장한 공간, 기념적 공간보다 아담한 공간들이 부드럽고 다양하게 생활의 리듬을 따라 형성되는 환경을 더 좋아하지 않았나 생각해 본다.

우리의 전통주거건축에서 나타난 마당은 안마당, 사랑마당, 행랑마당,

문간마당, 바깥마당, 일마당, 옆마당, 뒷마당 등이다.

안마당은 안채의 앞, 혹은 중문간과 안채, 담장으로 형성되는 공간으로 가사노동의 활동공간, 친족의 집회장으로 쓰인는 공간이다.

사랑마당은 흔히 정원으로 꾸미는 경우가 많고 이 정원이 없으면 화단을 한쪽에 꾸미고 내부공간이 못다한 기능을 한다.

행랑마당은 옥외작업공간으로 장작을 패거나 농사일을 하는 곳으로 가마고, 마굿간, 외양간들이 있고 노비들이 기거하는 곳이다.

옆마당은 안채 옆의 마당으로 담장으로 둘러싸이고 우물과 장독대가 있고 가사노동의 일부가 부엌으로부터 확장되는 곳이며 채소밭, 나무더미, 절구등이 있는 곳이다.

뒷마당은 완경사를 이룬 뒷동산과 연결되기도 하며 축대를 쌓기도 하며, 과실수를 심기도 하는 後園을 꾸미는 곳이다.

전남지역의 주거건축에서 나타나는 마당의 구성형식은 각개의 마당이 기능적으로 명확히 구별되고 건물과 담장 등에 의해서 공간적으로 분리가 되는 형태와 각개의 마당이 기능적으로는 분리되었으나 공간적으로 분리되지 않은 형태로 대별할 수 있다. 마당이 기능적으로나 공간적으로 분리가 된 대표적인 예는 해남 윤고산댁, 구례 운조루, 장흥 위성가옥, 나주 홍기응가옥, 해남 윤탁가옥 등을 들 수 있고, 기능적으로는 분리되었으나 공간적으로 분리되지 않은 대표적 예는 나주 홍기창가옥, 홍기헌가옥, 보성 이용우가옥과 이용욱가옥, 무안 박봉기가옥 등을 들 수 있다. 또한 전혀 분리되지 않고 넓은 공간에서 다양한 기능을 지닌 대표적인 예는 해남 이군벽가옥, 영암 조영형가옥, 장흥 위성렬가옥 등을 들 수 있다.

마당이 확연히 분리되는 주거는 전형적인 반가로서 지방의 세도가층 주거로 규모나 품격에 있어 타 가옥에 비해 앞부분이 대표적인 지방토호의 저택이기 때문인지 농사일을 위한 작업마당이 별도로 구획되어 넓게 나타나고 있으며 집에서 데리고 있는 노비의 소멸과 함께 행랑채도 없어지고 문간채의 규모가 크게 나타나고 있다.

마당은 주로 담장에 의해서 계획되고 있으며 마당 간의 연결은 담장의 일부가 일각문 형식으로 된 중문에 의해서 이루어지고 있다. 특히 윤고산댁이나 운조루 등의 마당은 공간의 기능에 의한 분리가 확연히 이루어져 사랑마당은 정원으로 조성되어 작업성격은 배제되고 있고 안마당의 폐쇄성이 강하여 외간남자(外間男子)의 출입이 통제되고 있다. 반면 여타의 주거에서는 현재는 많은 변화가 있어 원래의 모습을 상실하고 있으나 농사기능은 배제되어 있으며 중요한 수장공간 들이 안마당에 면하여 별동(別棟)으로 놓여져 있어 안마당이 가사생활의 중심적인 장소임을 보여주고 있다.

V. 가구형식

가구란 건물의 뼈대, 즉, 골조(骨組)를 가리키는 것이다. 가구형식 또는 가구법 은 이러한 뼈대를 짜 맞추는 법식이라 말할 수 있다. 가구를 크게 나누면 벽체가구와 지붕가구로 크게 나눌 수 있다. 마루·천장·계단가구 등이 있으나 보통 가구라면 지붕가구를 뜻한다.[6]

우리나라 목조건축의 가구는 일반적으로 건물의 종단면을 기준으로 하여 건물의 층수, 고주의 수와 위치, 도리의 수 등으로 분류하고 있다. 보통 1고주 5량 또는 2고주 7량 등으로 부르는데 이는 일반적인 건물의 규모와 구조를 알기 위해 사용하는 구분법이다.

일반적으로 층수와 고주의 수는 건물의 규모와 직접적으로 연관이 있다. 중층이 되거나 건물의 규모가 장대해지면 보의 길이가 상대적으로 길어지게 되고 목재의 한계 때문에 보의 徑間을 줄이고 구조를 더 안정

---

6) 장기인, 『韓國木造建築大系 V. 木造』, 普成閣, 1998, 72쪽.

되게 하기 위하여 고주의 도입은 필수적이게 된다. 이 경우 고주가 하나 있으면 1고주, 그 고주가 중심에 위치하면 심주(心柱), 2개이면 2고주 등으로 부른다.

서까래를 받는 도리, 중도리, 마룻대의 총수에 따라 세마루(三樑)·오량(五梁)·칠량(七樑) 지붕틀 등으로 구분된다. 이때 중도리는 동자주 또는 고주가 직접 받게 되고 마룻대는 대공이 받게 된다. 동자주는 쪼구미7)라고도 하며, 오량쪼구미, 칠량쪼구미라는 말도 있다.

가구형식의 종류를 열거하면 다음과 같다.

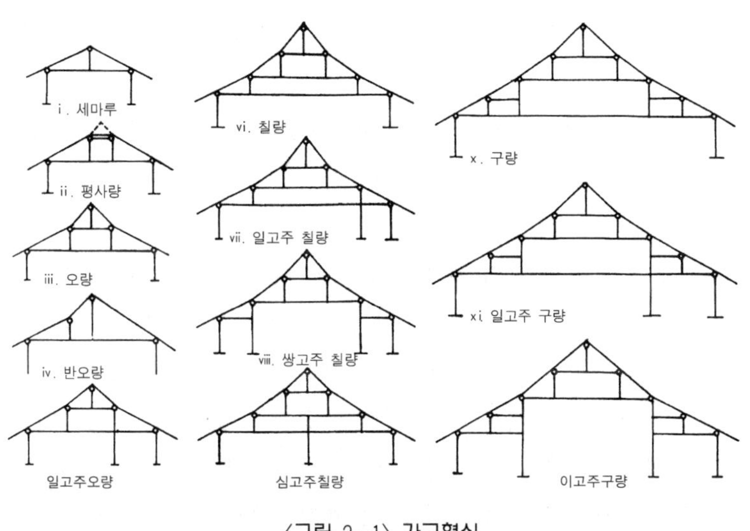

〈그림 2-1〉 가구형식

① 세마루(三樑) : 단칸집에 쓰이는 것으로 처마도리와 마루도리로 구성된 것이다.

② 사량(四樑), 평사량(平四樑) : 한칸사이에 전후중도리가 접근되어 있을 때 마룻대는 없이 서까래를 수평으로 걸고 그 위에 적심재나 보

---

7) 동자기둥 등으로 짠 지붕틀의 가구를 말하며 동자주 자체를 이르는 말이기도 하다.

토(補土)로서 용마루를 꾸민 것이다. 비각(碑閣), 대문 등의 작은 간(間) 사이에 이용된다.

③ 오량(五樑) : 간반통 또는 두간통의 간 사이에 전후중도리를 걸어 꾸민 지붕가구로서 일반 건물에 가장 많이 쓰인다.

④ 반오량(半五樑) : 전면지붕은 오량으로 꾸미고 후면 지붕은 세마루로 된 것으로서 주택 등의 간소한 건물에 쓰인 예가 있다.

⑤ 일고주 오량(一高柱五樑) : 툇마루 또는 복도 등이 있어 중간에 기둥이 설 때 이것을 높이 하여 동자주를 겸하게 하고 전후에 지붕보를 받은 고주를 쓴 오량이다.

⑥ 심고주 오량(心高柱五樑) : 건물중심에 고주를 세운 오량으로 성문 등에 볼 수 있다.

⑦ 이고주 오량(二高柱五樑) : 전형적인 전통건축의 가구구조로 일반 상류주택이나 사찰의 주불전 등에서 볼 수 있다.

⑧ 칠량(七樑) : 두간통 이상의 장보를 쓰는 가구에서 전후에 상하 중도리를 각각 써서 도리의 합계가 일곱이 되는 지붕틀이다.

⑨ 일고주 칠량(一高柱七樑) : 동자주를 겸하여 중간에 고주를 세운 것이고 작은 불전 등에서 뒤쪽에 복도를 둘 때에 흔히 쓰인다.

⑩ 심고주 칠량(心高柱七樑) : 간사이의 중간에 고주를 세우고 전후로 지붕보를 받게 되며 위는 중종보나 종보를 받게 된다. 이것은 성곽의 문루가 측면이 두칸으로 될 때 흔히 쓰인다.

⑪ 이고주 칠량(二高柱七樑) : 전후에 고주를 세우고 고주 위에는 오량으로 하고 퇴칸을 달은 형식의 지붕가구로서 중앙은 큰 간사이가 되고, 전후에 복도를 두는 등의 대청이나 큰방에 쓰인다.

⑫ 구량(九樑) : 삼간통(18자) 내지 사간통(24자) 되는 지붕가구로서 도리의 합계가 아홉이 되는 가구로서 단일재의 보로서는 최대형이고 재의 단면높이도 2자 또는 2자반이상이 되어야 한다.

⑬ 일고주 구량(一高柱九樑) : 구량각 내부에 고주를 하나 세워서 보의

간사이를 작게 하고 고주 뒤는 툇마루, 복도 또는 다른 용도로 쓰일 때에 유리한 것이다.

⑭ 이고주 구량(二高柱九樑) : 내부에 고주 두 개를 세운 큰 간사이의 건물에서 중앙에 대청을 두고 앞에 툇마루·복도, 뒤에 고방·부속방을 둘 때에 쓰이며 구조적이며 고주 위에는 오량이 되고 평주와의 사이는 세마루 형식의 가구로 되는 것이다.

VI. 기본부재

1. 기 둥

기둥은 가구식 구조물의 축부(軸部)이고 인간공간 형성의 기본부재이다. 공학적 의미로는 지붕상부의 하중을 초석과 기단에 전달한다. 기둥의 출현은 인간이 지상에 구조물을 만들기 시작한 시기부터이고 동굴주거와 병행하였던 원형 및 타원형의 움집 구조는 지상 중앙에 나무를 꽂아 여기에 나무가지를 걸쳐 뼈대를 만들어 공간을 형성하였다. 생활양식의 발달과 함께 생활공간의 규모도 다원화되어 구조물의 축부양식도 복잡하게 된다. 구조적인 차원에서 역학적인 차원으로, 역학적인 차원에서 의장적인 차원에까지 이르게 된다.[8]

위치에 따라서 건물벽체의 외진주와 내부에 위치하는 내진주, 심주 등으로 분류되고 단면에 따라 원주와 각주로 나눌 수 있다. 외진주는 인간공간을 형성하는 기본 축부로 건축물 구축의 근간이 된다. 외진주에는 평주와 우주가 있고 퇴칸이 부설될 때 퇴주 역시 이에 속한다. 평주에는 정면과 양측면, 배면 평주로 나누어지며 우주는 정면과 배면 우주

---

8) 金東賢, 『韓國古建築斷章 下卷』, 通文館, 1977, 108쪽.

로 세분된다.

원주는 형상에 따라 배흘림 기둥, 민흘림 기둥, 원통형 기둥 등이 있는데 고대에는 착시교정을 위해 배흘림 기둥이 많으나 후대에는 민흘림이나 원통형 기둥이 많다. 각주는 방주와 6角, 8角柱가 있는데 형상에 따라 직립주와 민흘림 기둥으로 나눌 수 있다.

기둥의 높이는 건물의 높이를 결정하는 데 영향을 미치며, 기둥 간격과 함께 건물의 크기를 결정하는 요소가 된다. 또한 기둥의 형태는 시각적으로 수직적 요소가 되며 수평적 요소인 기단, 도리, 인방, 처마선 들과 대조을 이루면서 주택의 입면에 아름다움을 더해 주기도 한다.

기둥은 기둥뿌리, 기둥허리, 기둥머리로 나뉘는데, 이는 기둥에 의지하여 가로지르는 여러 부재들이 걸리는 부분을 일컫는 것이며 이런 부재들을 수장재(修粧材)라고 부른다. 수장을 설치하는 곳은 벽체, 문얼굴, 마루 등 세부분이다. 벽체는 건축구조상 내력벽이 아니고, 기둥과 기둥 사이에 인방을 아래 위로 가로지르고 그 사이를 메우는 형태이다. 문 얼굴은 기둥과 기둥사이에 문이나 창을 내기 위해 인방과 벽선으로 구성된 부분을 말한다.

2. 보[樑·梁]

보는 구조, 형태, 위치에 따라 여러 가지가 있으나 지붕하중을 받는 지붕보와 상층마루 하중을 받는 충보로 대별하고, 단일재를 쓴 단순보와 여러 材를 조립하여 만든 짠보가 있다. 보는 위치와 용도에 따라 대들보(大樑), 중종보(뜰보, 中宗樑), 종보(마루보, 宗樑), 퇴보(退樑, 繫樑) 충량(衝樑), 우미량(牛尾樑) 귓보(耳樑), 맞보(合梁) 등 여러 종류로 세분할 수 있다.9) 건물규모에 따라 보가 한가지 종류만으로 충분할 때가 있

---

9) 金東賢, 앞의 책, 174쪽.

고 규모가 커지면 삼중으로 짜여지기도 한다. 또는 평면구성과 지붕모
양에 따라 보의 위치나 종류도 달라진다.

3. 도리[道里]

도리는 보에 직각방향으로 지붕틀 위에 걸어 서까래를 받는 구조부재
곧 체목(體木)이 되는 것이다. 도리는 가구재 최상부에 놓이는 長材로서
기둥 위에 놓이는 각종 부재를 막음하여 서까래를 받는다. 도리는 놓이
는 위치에 따라 7종으로 나뉘는데 집의 규모에 따라 가감이 생긴다. 그
러나 어느집이나 주심도리와 종도리는 반드시 쓰인다. 즉, 3량가구에서
는 기둥 직상에 주심도리가 용마루 부분에 종도리가 있다. 5량가구에서
는 주심도리와 종도리 사이에 중도리가 들어가며 7량가구에서는 중도리
위나 아래쪽에 상중도리나 하중도리가 한 개 더 첨가되며 9량가구에서
는 상·하·중도리가 모두 첨가된다.

외목도리나 내목도리는 주심도리를 기준으로 볼 때 주심의 바깥 것을
외목도리, 안의 공포 위에 얹힌 것을 내목도리라 한다. 외목이나 내목도
리는 모두 가구의 기본구성과는 관계없이 쓰인다. 외목도리는 주심포계
의 건물과 다포계의 건물에 모두 보이나 내목도리는 대부분 다포계 건
물에서만 있는 것이 특징이다.

Ⅶ. 재 료

조선시대의 주택의 구조는 부재를 하나씩 짜 맞추는 가구식 결구법을
사용해 왔다. 그 사용 재료는 약간의 인공을 가한 천연재료와 인공재료
로서 대부분 목재와 석재, 흙 등의 재료를 사용해 왔다. 특히 전통주거

의 주요 구조재료는 목재이다. 많은 종류의 목재 중에서도 침엽수인 소나무를 가장 많이 사용하였다.

목재는 그 직경과 길이에 제한이 있으며, 강도와 재질도 균일하지 못한 편이다. 또한 시간이 경과하면 함수율의 변화, 충해 등에 의하여 축조당시에 비해 강도저하현상이 발생한다. 그러나 자연재료로서 목재가 지니는 이러한 문제점은 부재를 짜 맞추는 결구법과 충해와 부패를 방지하는 가공법으로 보완하면서 주거건축뿐 아니라 한국전통건축의 중요 재료로서 위치를 유지해오고 있다.[10]

VIII. 평면구성요소

1. 간[間]

주거건축의 또 하나의 특징은 간(間)의 개념이 발달되어 온 점이다. 間은 기둥과 기둥의 사이(Span)를 말하며, 사방 1間씩 되는 네 기둥이 이루는 공간을 말하기도 한다. 조선시대의 주거는 이 간을 기본모듈로 하여 구성하여 왔다.

조선시대 서울지방의 서민주택 1間을 6.5~7尺, 중류주택 7~8尺, 상류주택은 7.5~8尺 정도의 크기로 정하였다. 기둥과 간의 크기 사이의 정확한 상관관계는 아직 밝혀지지 않았지만 기둥의 크기와 간수의 커짐은 비례관계에 있음을 추정할 수 있다. 각부 구조재는 역학적인 측면에서 고려할 때 비경제적으로 사용된 경우도 많았다. 예를 들면 기둥과 도리 및 대들보의 사괘맞춤 등에 의한 숭어턱, 보의 바심 등은 부재의 허용전단력을

---

10) 金奉建, 「傳統木造建築의 構造解析」, 대한건축학회지 36권 4호, 통권 167호, 1992.7, 66~67쪽.

급격하게 감소시키는 원인이 되기도 한다.

2. 퇴[退]

退는 "원래의 집채나 기본 間에서 물러내어 달아낸 間또는 마루"로 정의되고, 서양에서의 "VERANDA, PORCH, STOOP, OPEN, CORRIDOR, BALCONY"에 비할 수 있다.[11] 퇴는 기본 칸의 구조에 퇴주, 퇴보, 퇴량 등으로 내어다는 형식의 덧댄 間을 말한다.

〈표 3-1〉 퇴의 기능

기 능	내 용	비 고
동선기능	외부공간과 내부공간 사이를 긴밀하게 연결시켜주는 기능	
주거기능	原間에서 정지방, 골방 등을 달아내어 주거의 공간으로 활용	
휴식기능	오락과 관조를 위한 공간	
취사기능	부엌을 달아내거나 , 함실아궁이 등으로 활용	
행사기능	관혼상제의 경우 실내의 기능이 옮겨져 외부공간과 위계를 이룸	
접객기능	半 내부이며 半 외부공간으로 외래인의 방문시 부담없이 맞을 수 있음	
수납기능	토방, 마루, 고방 등에 식기, 집기, 농기구, 곡식, 뗄감 등을 보관	
작업기능	가벼운 집안일이 행해지는 가사노동공간 또는 농사일의 보조공간으로 활용	
聖所기능	대청과 같은 제사공간이며, 家神을 모시는 공간	
기 타	대문의 기능을 하기도 함	

퇴는 원시적인 수혈주거에서 거주공간이 단일間 형식인 귀틀집, 토벽집, 토막집 등의 형식으로 발전한다. 그러다가 가족구조의 기능화와 전용공간의 필요성이 생겨나면서 이동성이 강한 뜰마루가 생기고 다시 고정되는 쪽마루가 발생하였다. 반면에 추운 지방에서는 옥외활동이 불가능

---

11) 장기인, 한국건축용어사전, 보성문화사.

하고 방이 비좁음에 따라 쓸모 있는 공간이 요구되는데, 처마 밑으로 토방이나 봉당의 형식이 발생하여 추위를 막아주게 되었다. 이후 퇴는 계속 양식상의 발전을 하게 되는데 그 이유로는 넓은 국토를 가진 중국은 전통건축에서 채의 분화가 뚜렷하지만, 좁은 국토의 한국 전통건축에서는 자연히 間의 분화가 발달하게 되었던 것이다. 또한 조선시대에는 신분에 따른 칸수의 법적제한이 있었으나, 退는 여기에서 제외되었으므로 건물의 면적을 늘리는 편법으로서 退를 발달시키는 요인이 되었다.

퇴는 기본칸에 대하여 전·후·좌·우 어느 쪽이든 위치할 수 있으며, 그 바닥구조의 형식은 크게 온돌구조, 마루구조, 토방 등 세부분으로 구분할 수 있다.

제4장
전남지방 주거건축의 특성

Ⅰ. 전남지방의 서민주거[民家][1]

1. 서

사람은 어떤 일정한 장소에서 머물러 살려는 본능을 가지고 있으며 이러한 본능은 한 장소에 집을 짓게 하였고 또 여러 집이 모여 마을을 형성하게 하였다. 특히 이들의 구성요소가 되는 민가는 한 문화권 내에서 인간이 살아 나가는데 필요한 주문화의 기본적 생활양식을 반영하는 공간이며, 그 지역의 여러 현상을 반영해 주는 귀중한 유구라 할 것이다. 이러한 의미에서 그들의 요구와 가치를 직접적이고 무의식적으로 표현하고 있는[2] 중요한 건축인 것이다.

따라서 특정지역의 주거에서 나타나는 건축형태나 성격은 그 지방 고유의 것으로 그 지방 특유의 형태나 특성을 나타내고 유별성을 갖는다. 이는 신분상 상류계급인 양반들이 살던 반가, 즉 상류주택보다는 서민주택에서 지역적인 차이가 뚜렷이 나타나고 있음을 보아서도 알 수 있

---

1) 천득염, 전남지역의 민가에 관한 연구, 대한건축학회지, 제2권, 제6호, 통권 8호, 1986.12.
2) Amos Rapoport : House Form & Culture, Prentice —Hall, 1969.

다. 이처럼 귀중한 건축적 유산인 민가는 농촌근대화가 급속히 진전됨에 따라 본래의 모습을 그대로 지닌 것들은 거의 없고, 지붕이나 건물의 일부분을 증수, 증축함으로써 변형되어 가고 있는 것들이 많다.

이러한 상황에서 현존하는 문화재적 가치, 학술적 가치를 지닌 주거들은 조사·고찰하고 정리하여 둔다는 것은 대단히 시급하고 가치 있는 일이라 할 것이다.

민가라는 주거양식의 형태는 물론 여러 가지 환경조건에서 복합적으로 결정되는데 대체로 그들이 속해 있는 지역의 자연적 환경조건과 인문, 사회적 환경조건에 따라 지역적 유별성을 지니기 마련이다.

따라서 본서에서는 전남지방을 세분화하여 도서, 내륙, 산간지방으로 나누어 여기에서 나타나는 민가의 건축적 특성을 살펴보고자 한다.

2. 평면유형

건축적 공간을 이루는 데는 반드시 대지 위에 위치를 결정하는 '배치'라는 개념과 주거공간의 밑바닥을 이루는 '평면'이라는 개념이 성립되어야 한다. 전남지방의 민가를 평면유형별로 크게 분류하면 홑집형, 겹집형, 까작집형3)으로 나누고, 이를 다시 세분화시키면 중앙부엌형과 단부 부엌형으로 나눌수 있고, 3칸형, 4칸형, 5칸형으로 나누어진다.

홑집형의 민가는 나주, 영광등 내륙지방에서 조사대상민가 중 70% 이상을 차지하고 있으며 이들은 4칸과 5칸 사이의 집이 가장 많이 전지역에서 고루 조사되어 이 지역의 일반적인 민가의 평면유형임을 보여주고 있다. 이들은 부엌, 방, 방이거나 부엌, 방, 방 혹은 방, 부엌 방, 방 순서로 배치되어 있다. 또한 내륙지방에서는 홑집형이 대부분 많이 분포하

---

3) 신동길, 서남해 도서 민가건축에 관한 연구, 홍익대학교대학원 석사학위논문, 1979.

고 있지만, 부분적으로 까작집형과 겹집형도 발견 할 수 있다. 이는 내륙과 산간의 중간적 위치로 양쪽의 영향을 상호 받은 듯하다.

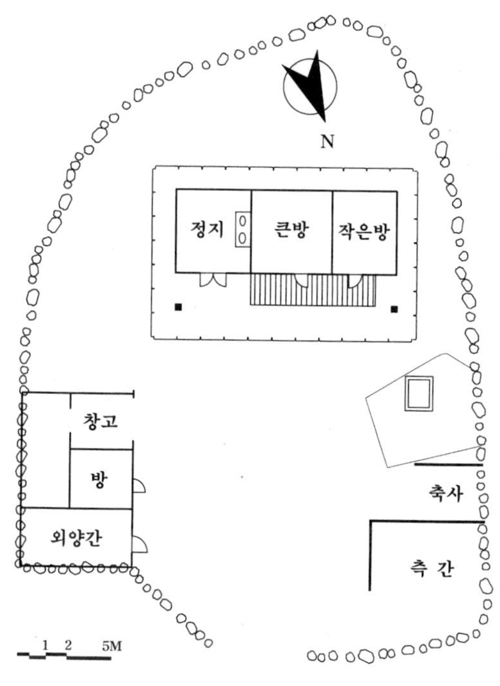

〈그림 4-1〉 홑집의 예
(승주군 쌍암면 남강리 정기심 씨댁)

겹집형의 민가는 구례, 화순, 승주 등의 산간지방, 특히 표고가 높은 곳에서 많이 나타나는 형으로 조사대상 민가 중 60% 이상을 k지하고 있으며 이들은 대부분 부엌, 방, 방의 3칸 겹집으로 나타나고 있다. 그러나 깊은 산간지방에서 표고가 낮은 지방으로 내려오면 3칸이나 4칸의 홑집으로 변화하여 내륙지방에서 흔히 나타나는 부엌, 방, 방 또는 부엌, 방, 대청, 방 그리고 부엌, 방, 방, 방의 평면형과 흡사한 형태임을 알 수 있다.

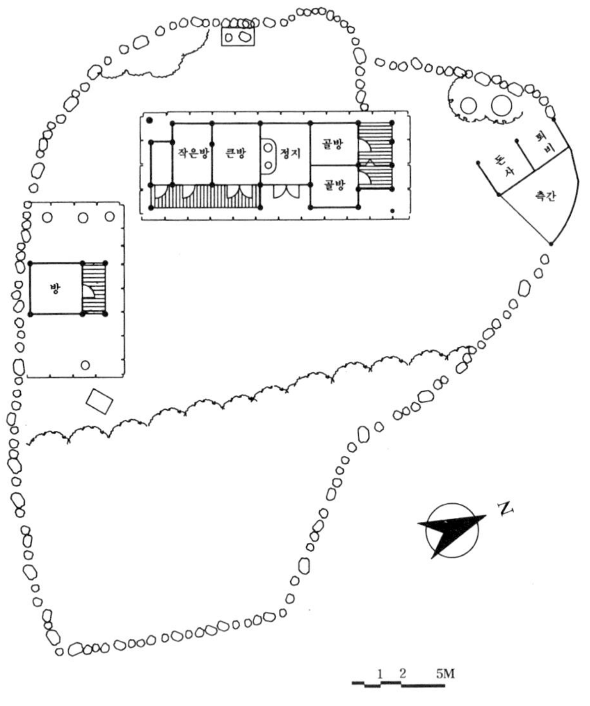

〈그림 4-2〉 겹집의 예
(승주군 송광면 오봉리 조연국 씨댁)

까작집은 전남의 서남부 도서해안지방에서 나타나는 형태로 모방이라는 작은 방이 평면의 끝 부엌의 앞쪽에서 조그맣게 부엌과 병렬로 배치되어 본채의 전면보다 약간 튀어나온 형태를 얘기하는데 이 까작집형은 조사대상 민가 중 90% 이상을 차지하고 있으며 이들은 대부분 4칸으로 나타나고 있다. 따라서 4칸 까작집형은 평면이 이 지역을 대표하는 일반적인 평면유형이 되며, 형태적으로는 정면 4실, 배면3실의 모방, 정지, 큰방, 마리로 이어지는 실의 배치와 모방이 정지 앞에 위치하여 툇기둥선보다 약간 돌출하여 ㄱ자형을 연상키시는 까작형이 가장 중요한 평면유형이 되고 있다.

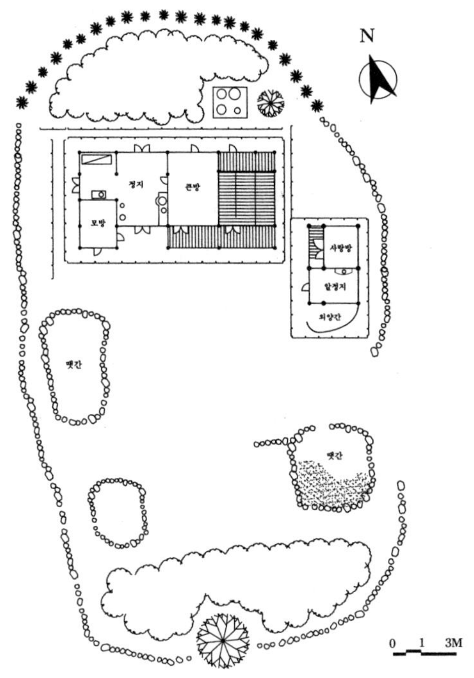

〈그림 4-3〉 까작집의 예
(신안군 하의면 대리 강휘진 씨댁)

또한 전남지방의 민가 중 부엌의 위치에 따른 분류로 왼쪽 끝이나 오
른쪽 끝에 부엌이 있는 끝(단부)부엌형이 거의 대부분이고, 중앙부엌형
민가는 수가 극히 적다. 중앙부엌 민가는 3칸 겹집에서는 전혀 발견되지
않고, 4칸인 경우는 방, 부엌, 방, 광 또는 방, 부엌, 방, 방의 순서로 배치
되어 있으며, 까작집형과는 달리 중앙칸 1칸을 부엌으로 사용하여 양쪽
방에 난방을 시키고 있다. 그러나 까작집형을 중앙부엌으로 본다면 무척
많은 숫자가 발견될 것이므로, 이를 중앙부엌형으로 간주하기도 하였다.

이처럼 도서지방에서는 까작집형, 내륙지방에서는 홑집형, 산간지방
에서는 겹집형이 주로 발견되는 것을 알 수 있고, 도서와 산간의 중간지
역인 내륙지방에서는 홑집형에 까작집형과 겹집형이 섞여 발견되고 있

음을 알 수 있겠다. 이는 내륙에서 도서와 산간의 양쪽으로 영향을 주었
는지 아니면 그 반대인지, 혹은 자생적인 형태인지 알 수 없어 매우 흥
미 있다.

〈표 4-1〉 전남지방 민가의 평면유형

	단부 부엌형	까작집 형	중앙 부엌형
홑집형	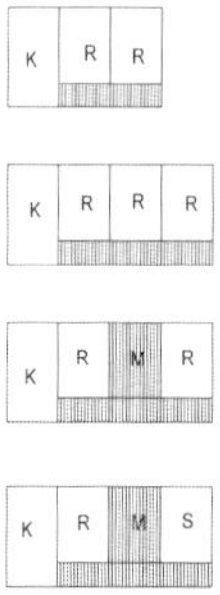	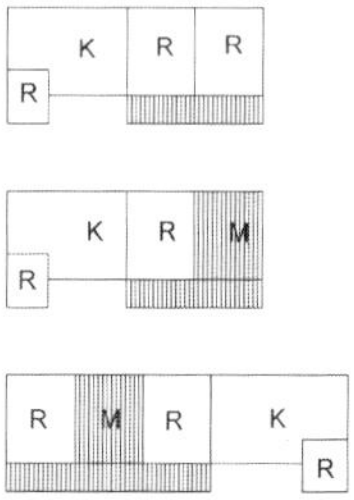	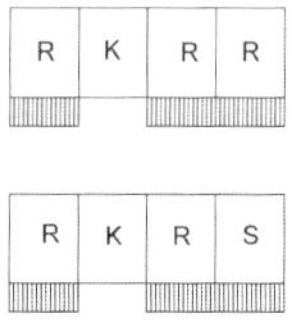
겹집형	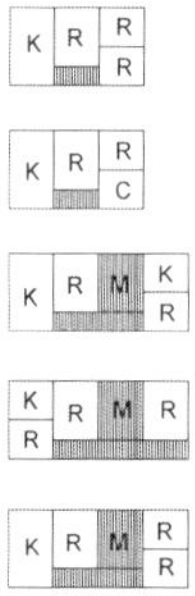	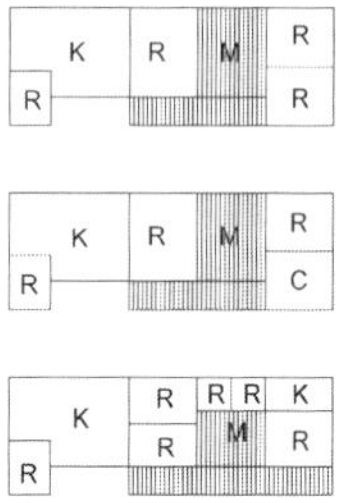	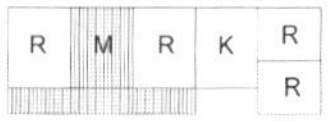

(범례 - k : 부엌, R: 방, M : 대청, S : 광, C : 외양간)

3. 방위와 동[棟]의 배치

　전남지방 민가들의 방위를 살펴보면 내륙지방이나 도서지방에서는 좌
향이 절대방위의 개념에서 동-남-서향에 걸친, 즉 북향을 끼지 않는 방
위를 볼 수 있으나 산간지방에서는 남향을 선호하는 일반적인 배치에 관

계없이 심치어 북향쪽에 가까운 방위도 발견되고 있다. 이는 내륙지방이나 도서지방은 주택을 세울 마땅한 집터가 많음에 비하여, 산간지방은 취락의 입지조건상 많은 제약을 받고 있기 때문이다. 즉, 전저후고의 지형을 찾아 등고선과 평행하는 지세에 일치하려는 의도였음을 대부분의 민가에서 볼 수 있고, 또한 전해내려오는 배산임수의 원각에 입각하여 주택을 배치시킨 것으로, 마을은 평야나 바다를 향해 배치하는 생활편리의 좌향을 택한 강한 인상을 주고 있다.

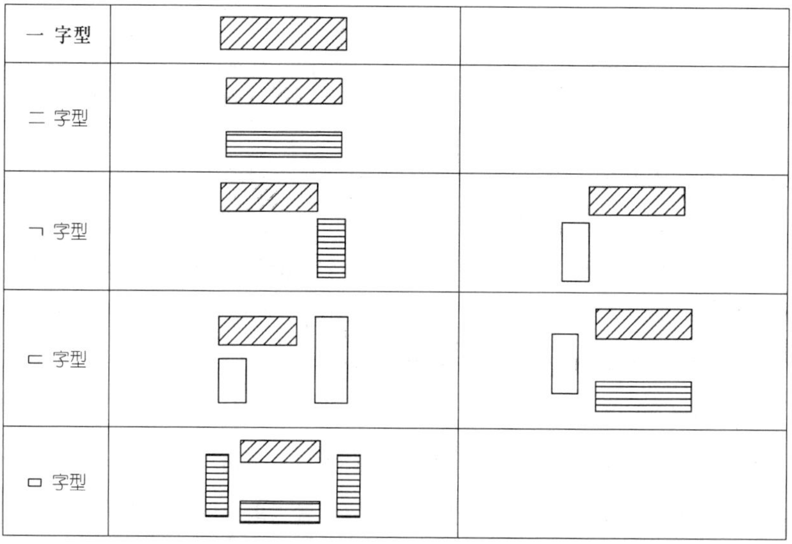

一 字型		
二 字型		
ㄱ 字型		
ㄷ 字型		
ㅁ 字型		

〈그림 4-4〉 동의 배치형태

다음으로 민가들의 각 동이 부지내에서 어떻게 배치되어 있는 가를 살펴보자.

일반적으로 가옥의 배치는 그 영향조건이 자연환경에 따른 대응, 생활내용, 내·외부생활의 공간 활용, 프라이버시의 유지, 경제적 규모 및 필요한 건물의 동수에 관련된다고 볼 수 있다. 민가는 동의 배치면에서 생활의 주 공간인 안채를 중심으로 사랑채와 부속채가 배치되는 형태이며 배치의 구성요소가 되는 것은 대개 안채, 사랑채, 문간채 및 부속사이다. 배치형태는 그림과 같이 ―자, 튼ㄱ자, ㄱ자, 二자, 튼ㅁ자, 튼ㄷ자 등 다양하나 대부분이 본채와 약간 떨어져 직각방향으로 별동 배치된 튼ㄱ자형 배치가 주종을 이루고 있다. 이는 소규모의 민가에서 간단한 수장공간 및 가축사로 부속사가 사용되었으며 마당을 위요하는 공간과 접근과 관리에 용이하기 때문에 이러한 평면이 많은 듯 하다.

그 다음으로 많이 나타나는 것은 일자형인데 이 경우에 있어서는 별동 없이 한 동(棟)안에 주거 및 작업, 수납공간이 존재하고 있으며 본채에 덧붙여 실들을 배치시키고 있는 형태임을 알 수 있다.

도서, 내륙, 산간 등에서 나타나는 가옥의 배치상의 큰 차이는 발견할 수 없었으나 산간과 도서지방은 본채와 부속채가 적고 대지면적도 좁음에 비하여 내륙지방은 본채와 부속채가 크고 대지면적도 넓으며 대지내에 채전과 같은 부속농토가 있어 약간의 채소를 가꾸고 있음을 볼 수 있었다. 또한 가옥내로의 진입의 형태도 棟 들에 의해 형성된 앞마당을 중심으로 마당의 측면이나 맞은편에서 진입되도록 되어 있으며 대부분 안채가 정면에서 그대로 보이지 않게 시각적 굴절효과를 노리고 있음을 알 수 있다.

또 마을 안길에서 서로 마주하는 가옥의 대문들이 서로 마주하는 것을 피하고 있는 것을 볼 수 있는데 이는 마을 안길의 한 지점에서 내부동선이 맞붙어 교차되는 혼란을 방지할 뿐만 아니라 가옥의 독립성과 기밀성의 유지에 적절히 대처하도록 고려된 것으로 판단된다.

4. 전남지방 민가의 재료 및 구조

한국의 전래적인 민가에서 대부분 그렇듯이 민가를 축조하는데 사용되는 재료는 그 지방 자연환경의 요건에 따라 용이한 재료가 이용되기

쉬울 것이다. 거의 대부분이 목조의 심벽구조인 민가들은 그 지방 산간에서 목재를 구했을 것이고 다만 반가에 가까운 규모가 큰 집일 경우에는 타지방에서 목재를 구했으며 목수까지 초빙하여 건축하였다 한다. 그러나 생각하기에는 산간지방에서 목재가 많기 때문에 가옥을 건축할 때 사용되는 재료가 더욱 크고 좋을 것 같이 생각되지만 그렇지 않고 오히려 내륙지방이 우수하다는 점이 특이한 사실이다.

이는 주변에서 생산되어 재료의 부득이 용이한 점 보다는 오히려 거주자들의 생활능력에 크게 좌우됨을 알 수 있다. 대부분의 구조와 재료의 크기나 상태는 아마 이러한 점에서 크게 벗어나지 않고 있음을 알 수 있겠다.

각 축조별로 재료와 구조를 살펴보면 다음과 같다.

「기단」은 대부분 20~30㎝정도의 자연석을 퇴주에서 1m가량 떨어진 곳에 외벌대나 두벌대로 설치한 막돌 허튼층쌓기의 죽담이다. 또한 일부분 가구는 나중에 시멘트로 발라 보수한 기단을 만들기도 하였다. 대부분 도서나 내륙지방은 기단이 낮고 산간지방은 높은 것이 한 특징이며 기단의 폭 역시 산간지방이 좁은 것을 알 수 있다.

「초석」은 규모가 큰 집에서는 간혹 다듬은 돌초석을 사용하나 대개가 직경 30~40㎝정도인 호박돌 주초를 사용하고 있다. 물론 주좌 또한 다듬질하지 않고 그대로 사용하고 있다.

「기둥」은 보통 직경 15~20㎝정도의 원주나 모접이를 한 방주를 사용하며, 아랫부분을 그랭이질하여 초석위에 세웠는데 수피를 제거하고 울퉁불퉁하고 모난부분을 깍아낸 죽각재가 사용되고 있다. 또한 헛구멍이 많은 기둥이 있는 것으로 보아 타 가옥의 철거시에 가져다가 쓴 것으로도 보인다.

「마루」는 각 실들의 전면에 툇간으로 설치하여 있으며 대부분이 우물마루이다. 또한 봉당의 형태를 가준 마루가 있으며, 3칸집의 경우 처음에는 마루가 없었던 것을 평상을 놔두었거나 나중에 설치한 흔적이 보인다. 또 규모가 큰 집에서는 측면에 쪽마루를 설치하기도 하였다.

「창호」는 도서나 내륙지방에는 대부분 외짝의 정자무늬 띠살문이 많고, 봉창이나 눈썹재기창은 대나무로 된 빗사랑이 많다. 산간지방의 창호는 외짝의 대나무로 된 빗살문이 많다. 부엌문과 마루 및 광의 문은 두꺼운 널판을 다듬어 만든 판장문이다. 또한 부엌에서 환기나 채광을 위하여 서까래와 도리의 사이부분을 공간으로 처리한 예를 볼 수 있다.

「벽체」는 토벽과 흙담벽 등이 있다. 축조방법은 문선대를 세우고 외를 엮어 진흙으로 마감하는 것을 토벽, 여기에 다시 회반죽 마감을 한 것을 회벽, 시멘트 몰탈마감을 한 것을 시멘트벽이라 하는데 이들은 목구조의 심벽을 구성하는 비내력벽이 된다. 흙담벽은 흙을 이겨 뭉친 흙벽돌로 쌓거나 흙과 돌을 이겨서 담을 처마 높이까지 쌓아 올려 지붕의 하중을 그대로 벽체에서 받는 내력벽이 된다. 전남지역에서는 대부분 토벽이 주로 사용되고 있으며 지역간의 차이는 보이지 않았다.

「도리」는 도서, 내륙지방에서는 거의 대부분이 납도리이며 완벽한 방형이나 장방형이 아닌 죽각재의 납도리가 많다. 또한 깊은 산간지역의 경우에는 원목의 수피만을 벗긴 굴도리를 사용하고 있는 예가 많다.

「가구」는 안채의 대부분이 이고주 반오량구조이거나 이고주 오량구조가 많다. 이는 조선시대 중류주택이 사량구조와 오량구조가 많음을 볼때 이 지역 민간의 칸살이 크고 활용공간이 넓었음을 나타내 주고 있다. 그러나 산간 깊숙한 곳에 있는 삼간집에서는 3량집이 대부분이었다.

「천장」은 사람이 거처하는 방은 거의 전부가 나무나 철사로 반자틀을 엮고 여기에 종이를 바른 종이반자가 일반적이며, 아무런 시설이 없이 서까래가 노출되어 보이는 연등천장인 채로 거처하는 실들도 있다. 부엌과 대청, 마루등은 서까래 사이를 회반죽이나 흙으로 앙토한 모습 그대로인 연등천장이다.

「서까래」는 지붕의 바탕이 되는 것으로 전체가 홑처마이며, 서까래의 형태는 선자서까래가 일반적인 형태이며 말굽서까래는 드물었다. 서까래의 내민 길이도 약 1m정도, 서까래의 간격은 30~40㎝로서 가옥의 규모에 따라 다양하다. 가옥이 크면 서까래의 직경이 7~9㎝가량이 되고, 간격도 5~6㎝이고 간격도 좁다. 지붕은 원래 초가가 대부분이었으나 새마을사업으로 인한 지붕개량으로 슬레이트 지붕으로 많이 바뀌었다. 초가지붕은 우진각지붕으로 바람으로 인한 손상을 막기 위해 새끼줄로 그물눈모양으로 촘촘히 묶어 놓았다.

「바닥」은 온돌바닥, 마루바닥, 흙바닥, 시멘트바닥 등으로 구별되는데, 거처실은 모두 온돌구조이며, 대청과 마루와 공은 마루를 깔았다. 특히 마루의 경우 흙바닥으로 된 상태를 토마루라 하는데, 도서 내륙지방에 많은 사례가 있다.

이상과 같이 재료와 각 부분의 구조방식을 살펴보았는데, 이로써 타지방과의 평면적인 차이에 비하여 구조적 차이는 극소한 것임을 알수 있었다.

5. 공간이용과 규모

전남지방 민가의 공간구성은 부엌, 큰방, 작은방(건넌방), 마루(대청)등을 기본으로 하고 평면유형에 따라 외양간이나 광 등의 공간이 첨가되기도 하는데 각 실의 기능을 보면 다음과 같다.

「부엌」은 정지라고도 부르며 주요 기능은 취사작업과 기능을 하는 곳으로 큰방이나 작은방 쪽으로 부뚜막이 설치되어 취사, 조리 등의 작업과 난방을 위한 불 때기 작업이 이루어진다.

「큰방」은 대개 부엌과 대청 혹은 광의 중간에 위치하는 방으로 주로 주인부부가 어린이를 데리고 거처하는데, 주인부부가 사랑채에 거처하는 경우도 있다. 이 실의 기능은 주인부부의 취침공간이자 가족전체의 식사와 단란을 위한 공간이며 남자주인의 접객공간이 되기도 한다. 그

런데 주인부부가 나이가 들어 연로하여 가족을 더 이상 이끌어 나가기에 곤란한 시기에 이르면 거실을 자식부부와 바꾸기도 한다. 또한 가재도구가 증가되어 수장공간이 좁으면 골방을 만들어 수장용도로 쓰고 많은 식구는 큰방에서 거처한다.

「작은방」은 건넌방 혹은 모방이라고 부르기도 하는 이 방은 안채의 정지쪽 전면 혹은 대청의 건너쪽에 위치한 방으로 큰방에 비해 작다. 자녀들의 성장기시에는 공부와 거처하는 방으로 이용되며 장성하여 결혼한 아들의 부부가 거처하기도 한다. 여기에는 수장용 도구는 별로 없고 책상정도만이 있다.

「대청」은 타지방에 비해 지리적으로 깊은 산간지방을 제외한 대부분의 집에 있다는 특징을 나타내며 집의 중앙에 위치하며 전면을 삼분합이나 사분합으로 한 집도 있다. 여름철에 거처를 하거나 곡물의 저장공간으로 사용한다. 또한 조상의 위패를 모셔 제사의 용도로 사용하는 경우가 많다. 바닥은 보통 마루를 까는데 우물마루가 대부분이다.

「광」은 내륙지방에서는 『마리』라고 부르는데 이곳에서는 거처를 하지 않고 곡물, 농가구의 저장과 때로 제사공간으로까지 이용되고 있다. 곡물을 넣은 크고 작은 항아리가 벽을따라 줄지어 놓여지며, 조상의 위패를 모셔놓고 제사를 지낼 때에는 대청의 용도와 비슷한데, 다만 바닥이 흙바닥이거나 시멘트몰탈 마감바닥으로 사람이 거처할 수 없는 점이 다르며, 또 건물의 우측 단부에 배치되는 경우가 많다.

「고방」은 내륙지방에서 흔히 나타나는 방으로 위치는 마리(광)전면의 툇마루에 자리잡고 있다. 그러나 때로는 마루내부에 위치하기도 한다. 이러한 현상은 경제력의 증대에 따른 공간의 분화로 여겨진다. 여기에는 벼의 알곡식을 수십 가마씩 저장하는 뒤주의 기능과 흡사하다. 바닥과 벽은 널판자로 구성되며 출입구는 널판자에 번호를 매겨서 위에서부터 순서대로 끼워넣는 형식을 취한다.

이상에서와 같이 각 방에 대하여 그 기능을 살펴 보았는데 큰방은 침식·접객공간으로서, 작은방은 학습·침식·놀이공간으로서, 대청 및 광은 곡물수장 및 제사공간으로서 사용되고 있음을 알 수 있다.

공간이용의 평면형태가 주는 특징은 흔히 남부형으로 지칭되는 즉, 온돌방 사이에 개방성이 강한 대청을 두어 거실과 수장공간의 역할을 강조한 형태와 도서지방에서 흔히 볼 수 있는 까작형 즉, 큰방과 전면으로 약간 돌출한 작은방 사이에 부엌을 두어 난방의 효율성과 작업의 능률성에 중점을 두고 있는 두 가지로 집약되고 있다.

또한 큰방을 중심으로 좌우에 각각 부엌과 대청 혹은 광을 배치시킴으로써 상호교류와 이동에 편리하도록 한 주거공간 이용상의 배려를 살펴 볼 수 있겠다.

다음 주동의 각 실의 면적구성과 규모를 살펴보면 상대적 비율을 비교해 볼 때, 부엌과 대청이 비교적 크고 큰방, 작은방의 순으로 적어진다. 또한 큰방의 정면과 측면의 척도를 살펴보면 정면은 8척을 중심으로 7~10척 사이에 분포하며, 측면은 12척을 중심으로 9~12척까지 사이에 다양히 분포하고 있어 일정한 척도가 분포하는 단위군을 형성하고 있음을 알 수 있다.

이러한 척도상의 계획의도를 살펴보면 각 실의 평균적인 면적을 정면과 측면의 비교에서 살필 수 있는 기초적인 준거가 될 수 있을 것이다.

또한 민가의 이러한 실 자체의 규모는 이 지방 주민들이 주거생활을 영위하는데 필요한 인간적 척도에서 이루어졌다고 봄이 타당할 것이다. 주목해야 할 것은 실규모의 결정은 일정한 척도가 정해지는 것이 아니라 민가 주인이 지니는 경제적 능력, 생활방식 등의 요소에 따라 다양한 변화성을 내포하고 있다고 보아야 할 것이다.

6. 외부공간의 특성

여기에서 외부공간이라 함은 채(棟)들과 담장이 이루는 영역으로 민가의 외부공간은 안채와 사랑채, 부속건물, 그리고 담장으로 둘러쌓인 마당들로 구성되고 있다. 일반적으로 민가의 마당을 「앞마당」과 「뒷마당」으로 구성되는데 앞마당의 구성은 뚜렷한 반면 뒷마당은 미약한 편이다. 또 안마당은 안채와 이르는 통로의 역할을 하며 농사작업과 곡물건조, 땔감저장, 퇴비생산 등에 사용된다. 뒷마당은 앞마당보다 한단 높은 곳에 자리를 잡으며 각종 일상의 식용 채소류를 재배하는 「농사밭」이 있거나 장독을 위치시키기도 한다.

또한 앞마당은 주로 공동작업이나 집안의 큰일을 치르는 개방성이 강한 반면 뒷마당은 외부의 시선이 닿지 않고 여성이 주로 사용하는 공간인 폐쇄성이 강한 공간이라 할 수 있다. 또한 마당의 경계를 형성해 주는 담장은 비교적 돌이 많은 산간지역에서는 돌과 흙을 섞어 쌓는 맞담이 일반적이다. 담장의 높이도 시선이 차단되도록 비교적 높은 편으로 마을의 앞길에 면해 있는 가옥일수록 더 높은 담장을 구성하고 있다.

민가는 그 어느 건축보다도 지역성이 크게 나타나며 환경이 다른 곳에서는 다른 유형이 이루어질 것이라는 가설에서 전남지방의 민가를 조사하여 분석한 결과 이 지역의 민가가 지니고 있는 특성은 다음과 같음을 알 수 있었다.

첫째, 전남지방에서 나타나는 자연적, 사회적 환경인자는 이 지역 민가에 영향을 미치는 인자로 파악되어 진다.

둘째, 전남지방에서 나타나는 민가의 평면유형은 산간지방은 3칸 겹집형, 내륙지방은 4칸 홑집형, 도서지방은 4칸의 까작집형이 일반적인 유형이다.

셋째, 배치유형은 등고선과 일치하는 지세에 따라 후고전저의 위치에 안채가 위치하고 부속사는 안채와 「튼ㄱ자형」배치가 일반적인 예이다.

넷째, 내륙지방은 큰방, 부엌, 작은방, 대청, 광 등으로 그 기능이 뚜렷이 나눠져 있다.

다섯째, 민가를 축조할 때 사용되는 재료는 주변에서 구득이 용이한 재료를 사용하였으며 이들의 상태는 주인의 경제력에 의해 좌우되고 있다. 또한 산간지방에서는 적고 거칠지만 도서와 내륙지방에서는 산간보다 크고 다듬어 쓴 흔적을 많이 볼 수 있다.

여섯째, 각 실을 축조하는데 사용된 단위척도는 큰방의 경우 산간지방에서는 8척 방이 많고 도서와 내륙지방에서는 정면 8척, 측면12척을 가장 많이 사용하고 있다.

일곱째, 구조적 특성으로서 돌과 목재의 사용이 풍부하며, 자연환경에 순응하여 산간지방의 높은 기단, 도서·내륙지방의 낮은 기단을 이루고 있다. 또한 대부분 안채는 목조가구식인 반오량가이거나 이고주 오량구조이며, 부속채는 돌과 흙의 조적식인 삼량구조가 대부분이다.

Ⅱ. 전남지방 전통주거건축의 배치특성[4]

1. 서

본 절에서는 전남의 중·상류주거를 중심으로 주거배치형식의 특성을 분석해 보고자 한 것이다. 주된 내용은 주동의 좌향, 채와 마당의 관계, 채(棟)의 배치형태, 안채와 사랑채의 관계, 평면형태에 따른 배치, 진입동선등을 살펴보았다.

---

4) 박명현, 천득염, 조선후기 중상류 주거 배치형태에 관한 연구, 2003 추계 학술발표대회, 대한건축학회.

시대적 범위는 건립시기인 1650~1900년 초반까지이며, 지역적 범위
는 현재 행정구역상 전남지역으로 한정하였다. 단, 도서와 일부지역에
서도 문화재로 지정된 가옥이 있으나, 시대범위를 벗어나거나, 변형이
심해 비교대상이 없어 가치를 상실한 경우는 제외시켰다.

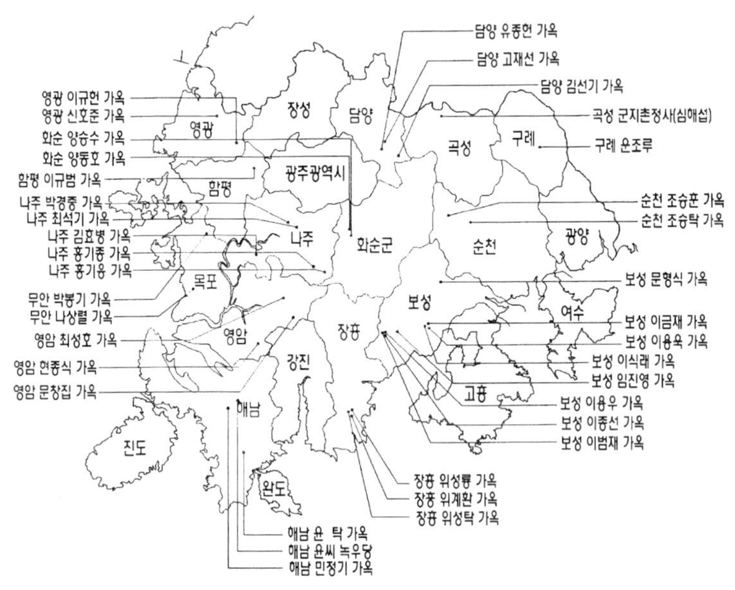

〈그림 4-5〉연구 대상가옥의 지역적 분포도

2. 전남지역 중·상류주거의 배치유형 분석

1) 좌 향

대상가옥의 좌향을 살펴본 결과 안채의 향이 사랑채의 향보다 우선시
되며, 사당의 좌향 또한 안채의 향과 밀접한 관계에 있음을 알 수가 있
었다. 이는 주거배치의 첫 단계에서 좌향은 안채부터 이루어지는 것에
기인한다고 볼 수 있다.

안채, 사랑채, 사당의 좌향에서 가장 우선시 하는 향은 진남에서 동서
방향으로 30°이내에 분포된 가옥이 가장 많았다.

지역별분포사항을 살펴보면, 서남해안지역과 산간지역은 남남서향의
좌향 분포수가 많았으며, 내륙지역에서는 남남동향을 기본으로 다른 향
의 좌향도 여러 사례가 나타나고 있다.

2) 채(棟)와 마당에 의한 유형분류

채(棟)구성형식을 살펴보면, 안채, 사랑채, 행랑채, 부속채로 구성되어
있는 형식이 16호(44.44%), 안채, 사랑채, 사당, 행랑채, 부속채로 구성된
형식이 14호(38.89%), 안채, 사랑채, 별당채, 행랑채, 부속채로 구성된 형
식이 6호(16.67%)로 나타난다. 이 조사는 현재 남아 있는 채의 구성이며,
기존에 존재했지만 세월이 흘러 유실된 경우는 포함하지 않았다.

채(棟)와 함께 구성되어지는 외부공간으로서 마당은 안채와 사랑채에
연관되어 나타나는 안마당과 사랑마당, 부속채와 연관되어 나타나는 행
랑마당과 작업마당 혹은 별당마당, 사당마당, 뒷마당 등이 기능적, 공간
적으로 존재하는가에 의해 마당의 분화형식을 분류하였다.

<표 4-2> 마당의 유형 및 특징

유 형	특 징	사례수(%)
분리형	이 유형에서는 각개의 마당이 기능적으로 명확히 구별되고 건물과 담장 등에 의해서 공간적으로도 분리되어 있는 것이 특징이다.	13(36.11)
미분화형	이 유형은 안마당, 사랑마당은 공간적으로 명확히 구별되나 기능적으로는 문간마당이나 작업마당 등이 안마당이나 사랑마당에 혼재되어 나타나는 것이 특징이다.	18(50.00)
혼합형	이 유형은 기능적, 공간적으로 마당이 분리되지 않고 넓은 공간에 다양한 기능을 수용한 것이 특징이다.	5(13.89)
사례수		36(100)

<표4-2>에서 보는바와 같이 조사대상 가옥들의 마당 유형을 살펴
본 결과 미분화형이 18호(50.00%), 분리형 13호(36.11%), 혼합형 5호

(13.89%)로 분석되었다.

분리형은 대농이거나 전형적인 반가에서 주로 나타난 반면, 미분화형은 일반중류주거에서 흔히 볼 수 있는 형태이다. 혼합형은 조선시대 남녀유별, 남존여비사상에 입각해 생각해 볼 때 보기 드문 사례로서 조사대상 가옥들이 조선후기의 주거들이라 가능한 것으로 보인다.

3) 채(棟)배치형태에 따른 유형분류

채(棟)배치형태를 유형별로 분류해 보면, 병렬형, 튼 ㄱ자형(직교형), 튼 ㄷ자형, ㅁ자형이 나타나고, 그 외 ㅁ자형 보다 배치형상이 개방적인 튼 ㅁ자형 배치와 ㄷ + ㅡ자형의 배치형상이 나타난다.

〈표 4-3〉 채(棟)배치형태 유형분류

채(棟)배치유형	대상 가옥	사례수(%)
	담양 유종헌	1(2.77)
	함평 이규행	1(2.77)
	담양 고재선, 화순 양승수, 나주 홍기응, 김효병, 영암 문창집, 무안 나상렬, 박봉기, 해남 민정기,장흥 위성룡, 순천 조순탁,곡성 군지촌정사 보성 임진영, 이종선, 이용우, 　　　　이범재, 이용욱, 이식래, 문형식	18(50.00)
	해남 녹우당, 구례 운조루	2(5.56)
	나주 박경중, 최석기, 홍기종 영암 최성호, 현종식 영광 이규헌 장흥 위성탁, 위계환 보성 이금재　순천 조승훈	10(27.78)
	담양 김선기, 화순 양동호	2(5.56)
	영광 신호준, 해남 윤 탁	2(5.56)

또 ㄱ자형의 안채에 사랑채나 부속채가 튼ㄴ자형을 취하면서 배치되는 여러 유형들이 나타나는데 이들을 동일한 형태별로 유형화하여 분석해 보면 총 7가지로 분류할 수 있다.

채(棟)배치유형을 분석해본 결과 튼 ㄷ자형 배치가 총36호 중 18호(50.00%)로 과반수를 차지하고, 튼 ㅁ자형이 10호(27.78%)로 분석 되어 전남지역의 배치유형은 튼 ㄷ자형과 튼 ㅁ자형임을 알 수 있다.

4) 주동 배치형태에 따른 유형분류

주요건물인 안채와 사랑채를 중심으로 배치유형을 살펴본 결과 총5가지 유형으로 분류할 수 있다.

(1) 전 · 후 배치형

안채를 중심으로 앞쪽에 사랑채를 배치하거나, 안채를 축으로 좌 · 우로 약간 벗어나 사랑채를 두고 그 주변에 부속채들을 배치시키는 형태로서 전남지방에서는 이 유형이17호(47.22%)로 나타나고 있다.

(2) 좌 · 우 배치형

안채와 사랑채가 나란한 축을 이루며 배치되는 형태로 내담을 쌓아 구분하고 협문을 통해 왕래할 수 있게 하였으며, 출입동선은 안채로의 주출입구와 사랑채로의 출입을 따로 계획되어있다.

(3) 대각선 배치형

안채와 사랑채가 대각선 방향으로 배치되고, 부속채가 안채주변으로 집중 배치되는 유형으로 전남지방에서는 4호(11.11%)의 사례가 나타나고 있다.

(4) 직교배치형

안채를 중심으로 사랑채가 90°방향으로 직교되고 부속채가 안채의 남서쪽이나 남동쪽에 배치되는 유형으로 전남지역에서는 9호(25.00%)의 사례가 나타나고 있다.

(5) 일체형

안채를 중심으로 사랑채가 별동으로 분리되고 부속채에 의해 한 몸체를 이루거나, 별동으로 분리되지 않고 안채에 부속되어 기능과 동선만으로 남성의 공간과 여성의 공간을 구분해 놓은 유형으로 전남지방에서는 4호(11.11%)의 사례가 나타나고 있다.

이상의 결과치를 가지고 주동배치형태를 분석해본 결과 전남지역의 주동배치 형태는 전·후 배치형으로 안채가 대지 깊숙한 곳에 앉히고 안채와 안마당을 가리면서 사랑채가 배치되는 형태를 취하고 있다.

3. 평면형태에 따른 배치유형

안채의 평면형태를 동일한 형태별로 유형화한 결과 一자형, ㄱ자형, ㄷ자형, 凹자형, H자형 등 5가지유형으로 분류되었으며, 이 다섯 가지 유형별 분포 상황을 보면, 一자형이 24호(66.67%), ㄱ자형 3호, ㄷ자형 4호, 凹자형 3호, H자형 2호 등으로 나타났다.

안채 다음으로 주동배치에 영향을 주는 인자로서 사랑채를 들 수 있다. 이를 유사한 형태별로 유형화 하면 一자형, ㄱ자형, 일체형, T자형 등 4가지 유형으로 분류되었으며, 남부형 이라고 일컬어지는 一자형이 총 36호중 30호(83.33%)의 사례수를 비 一자형 평면형식인 ㄱ자형, 일체형, T자형 순으로 나타났다. 따라서 전남지역의 평면형태는 부엌, 방, 대청 등이 一자로 배열된 평면형태를 띠고 있음을 알 수 있다.

1) 안채 평면과 채(棟)배치와의 관계
첫째, 안채평면이 一자형인 경우 배치유형은 튼 ㄷ자형과 튼 ㅁ자형으로 사랑채나 부속채가 안채 전면에 배치되거나 안채와 직각되어 배치되며, 마당을 중심으로 각 채들이 동·서·남·북으로 분산되어 나타나고 있다.

둘째, 안채평면이 ㄱ자형일때 배치유형은 ㄱ+튼 ㄴ자형이 나타나는데 그 이유는 一자형의 사랑채나 부속채가 튼 ㄴ자형을 취하면서 배치된다. 이 유형은 一자형의 안채평면 보다 ㄱ자형의 안채에 의해 구속을 받기 때문에 다양한 배치유형이 나오기 힘들다.

셋째, ㄷ자형의 평면일때 ㅁ자형과 ㄷ+一자형의 배치유형이 나타나는데 이는 ㄷ자형의 안채가 폐쇄적으로 강하게 위치하며 사랑채나 부속채가 안채전면을 가로막으며 ㅁ자형의 중정형태를 갖거나 一자형의 부속채가 안채전면에 배치되면서 ㄷ+一자형태를 취하는 유형으로 나타난다.

넷째, ㅄ자형과 H자형의 평면일때 배치유형은 튼 ㄷ자형이나 튼 ㅁ자형이 분석되었다. ㅄ자형의 평면일때 안채가 뒤안 쪽으로 열려 있기 때문에 전면에서는 一자형으로 보이며 사랑채나 부속채가 안채에 구속을 받지 않고 자유로이 배치된다. 또한 H자형의 안채평면에서는 앞으로 튀어나온 間살의 영향 때문에 튼 ㄷ자형이나 튼 ㅁ자형의 배치형태가 나타나고 있다.

<표 4-4> 안채 평면형태와 채(棟)배치와의 상관관계

안채평면유형 배치유형	一자형	ㄱ자형	ㄷ자형	ㅄ자형	H자형	합 계
二자형	1	0	0	0	0	1
튼ㄱ자형	1	0	0	0	0	1
튼ㄷ자형	15	0	0	2	1	18
ㅁ자형	0	0	2	0	0	2
튼ㅁ자형	7	1	0	1	1	10
ㄷ+一자형	0	0	2	0	0	2
ㄱ+튼ㄴ자형	0	2	0	0	0	2
사례수	24	3	4	3	2	36

4. 진입동선에 따른 유형분류

1) 안채, 사랑채 진입동선에 따른 유형분류

안채로의 진입방식은 크게 굴절형과 직선형으로 분류되었으며 그 결과 전남지방 안채로의 진입방식은 1단, 2단의 굴절형태가 58.33%로 분석되었다.

사랑채로의 진입동선 또한 위와 같이 분류한 결과 1단, 2단 굴절형과 직선형으로 분류되었으며, 그 결과 안채 진입방식과는 달리 직선형이 66.76%로 나타났다.

〈표 4-5〉 안채 진입동선 유형분류

구 분		진입동선			합 계
2단 굴절형	구성 형태				21 (58.33)
	특성	안채의 남동쪽이나 남서쪽에서 진입하여 사랑채나 부속채, 내담, 지형지세에 의해 두 번 꺾여서 안채로 진입하는 방식		안채의 남쪽에서 진입하여 사랑채를 경유하여 중문을 통해 안채로 진입하는 방식	
	사례수	6	3	1	
1단 굴절형	구성 형태				
	특성	안채의 서쪽에서 한번 꺾여 진입하는 방식	안채의 남서쪽이나 남동쪽에서 진입하여 사랑채나 부속채 등의 장애물에 한번 꺾여서 안채로 진입하는 방식		
	사례수	5	3	2	
	구성 형태				
	특성	안채의 동쪽에서 진입하여 중문을 걸쳐 한번 꺾여서 안채로 진입하는 방식			
	사례수	1			

직선형	구성 형태			15 (41.67)
	특성	안채의 남쪽에서 꺾임 없이 직선으로 진입	안채의 동쪽에서 직선으로 진입	
	사례수	6	2	
	구성 형태			
	특성	안채의 남서쪽에서 직선으로 진입	안채의 남동쪽에서 직선으로 진입	
	사례수	2	5	

〈표 4-6〉 안채와 사랑채 진입동선의 상관관계

유형			안 채			합 계
			굴절형		직선형	
			2단	1단		
사랑채	굴절형	2단	0	0	1	1
		1단	0	3	8	11
	직선형		10	8	6	24
	사례수		10	11	15	36

안채, 사랑채의 진입동선 유형을 분류한 후 이 두 진입동선의 상관관계를 비교분석해본 결과 안채로의 진입방식이 굴절형일 경우 사랑채로의 진입은 직선형을 보이고, 안채진입이 직선형일 경우 사랑채 진입은 굴절형의 진입방식을 보이고 있다.

5. 소 결

본 연구는 주동의 좌향, 채와 마당, 채(棟)배치형태, 주동배치형태, 평면에 따른 배치형태, 진입동선을 중심으로 배치형태 및 유형분류를 시도하여 전남지방의 주거건축에 나타나는 특성을 파악하였다.

그 결과 주거배치유형에 영향을 주는 구성요소들 간의 차이점 및 상호요인들이 건축적 특성에 영향을 주는 것으로 나타났다.

첫째, 좌향 분석에서 진남을 중심으로 15°틀어진 남남서방향의 향이 가장 많았으며, 두 번째가 15°틀어진 남남동향을 기본으로 북동향과 북서향으로도 향을 잡는 것으로 나타났다.

둘째, 1900년대 초반 지방부농의 출현 및 사회적 현상으로 이 시기에 건립된 가옥들의 안마당은 미분화형으로 넓고 사랑마당은 좁은 것이 특징이다.

셋째, 배치형태 및 특성으로 채 구성은 안채, 사랑채, 행랑채, 부속채를 가지는 형식을 기본으로 마당은 미분화형을 취하면서 튼 ㄷ자형의 배치형태로 나타났다.

넷째, 평면형태는 남부형이라고 일컬어지는 一자형의 평면을 가지며 부속채들이 동·서·남·북으로 분산되어 여러 유형의 배치형태를 만들고 있다.

다섯째, 진입동선은 안채 진입이 1단, 2단 굴절일 경우 사랑채로의 진입은 직선형으로 나타나고, 안채진입이 직선형일 경우 사랑채 진입은 1단굴절형의 진입동선을 보여주고 있다.

Ⅲ. 전남지방 전통주거건축의 평면구성비[5]

1. 서

지금까지의 한국의 전통건축에 관한 연구는 평면형식의 유형화와 지역적 특성 고찰에 다소 한정되었다고 할 것이다. 따라서 평면을 이루는

---

[5] 박지선, 천득염, 한국전통주거건축 평면구성비에 관한 연구, 2003 추계학술발표대회, 대한건축학회.

각 실들을 정밀 실측하여 이를 근거로 한 1차원적 비례관계와 면적의 비례관계를 살펴보고자 하였다. 즉, 각실 들의 넓이와 길이, 실과 실의 비례관계로 상호관계를 파악하여 건축적 특성을 도출하고자 하였다.

우리나라 목조건축은 각 부분이 서로 유기적인 관계를 지니고 있으며, 기본비례단위에 의해 운영되었을 가능성이 높다. 따라서 기본비례단위를 평면의 각 요소단위 크기로 파악할 필요가 있다고 본다. 이러한 분석을 전제로, 평면의 주간과 평면요소들 간의 比분석을 통해 상관관계를 고찰하고 건축적 특성을 알아보고자 한다.

〈표 4-7〉 대상 가옥

가옥명	건립연대	평면유형	크 기
무안 나상렬가옥	1917년	一자형	정면6칸, 측면2칸, 전후좌우퇴
무안 박봉기가옥	1920년대	一자형	전후좌우퇴, 정면5칸, 측면1칸
해남 민정기가옥	1845(대중수)	一자형	전좌후퇴, 정면6칸, 측면1칸
해남 윤 탁가옥	1906년	ㄱ자형	정면5칸, 좌측면1칸, 전퇴, 우측면 5칸, 우측면5칸
나주 홍기응가옥	1892년	一자형	정면6칸, 측면1칸, 전후우퇴
보성 문형식가옥	1900년대초	一자형	정면5칸, 측면1칸, 전후좌우퇴
보성 이종선가옥	1908년	一자형	정면7칸, 측면1칸, 전후좌우퇴
보성 임진영가옥	1900년대 초반	一자형	정면5칸, 측면1칸, 전우좌우퇴
보성 이용욱가옥	1902년	一자형	정면5칸, 측면1칸, 전후좌우퇴
화순 양승수가옥	18세기	H자형	정면4칸, 측면1칸, 전후퇴
화순 양동호가옥	1750년대	ㄷ자형	몸채 5칸×1칸 좌익 1칸×3칸, 우익 1칸×3칸
장흥 위계환가옥	1937년	一자형	정면5칸, 측면2칸 전좌우퇴
장흥 위성룡가옥	1946년	一자형	정면6칸, 측면1칸, 전후우퇴
담양 유종헌가옥	1919년	一 자	정면 5칸, 측면 2칸 전좌우퇴
나주 김효병가옥	1924년	H 자	정면 5칸 좌우퇴, 좌 4칸좌우퇴, 우측면 1칸 우퇴

〈표 4-8〉 분석기준 방법 및 유형

<table>
<tr><th colspan="3">1. 일차원적 분석</th></tr>
<tr><td rowspan="9">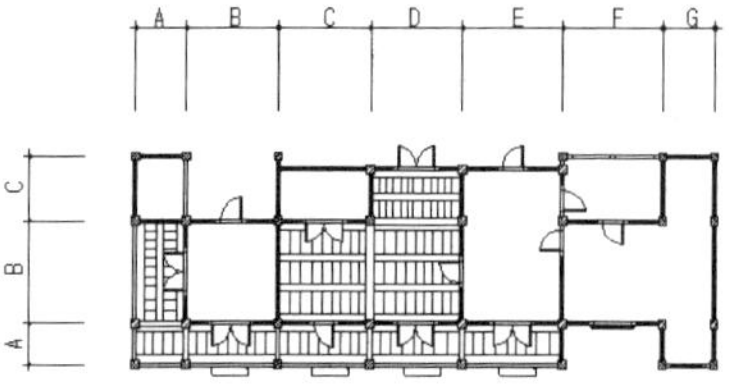<그림 1> 일반적 접근 측정기준</td><td rowspan="2">정면</td><td>칸 : 칸</td></tr>
<tr><td>퇴칸 : 칸</td></tr>
<tr><td rowspan="2">측면</td><td>퇴칸 : 칸</td></tr>
<tr><td>칸 : 칸</td></tr>
<tr><td>정면:측면</td><td>퇴칸 : 퇴칸</td></tr>
<tr><td>실 별</td><td>칸너비 : 칸너비
칸깊이 : 칸깊이
칸너비 : 칸깊이
안방 : 대청
대청 : 부엌
부엌 : 안방</td></tr>
<tr><td>총길이</td><td>정면 : 측면</td></tr>
<tr><th colspan="3">2. 이차원적 분석 - 면적비례</th></tr>
<tr><td rowspan="4">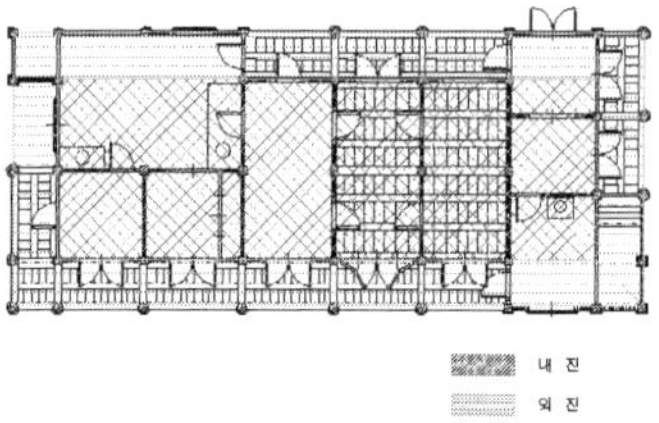<그림 2> 내진 : 외진
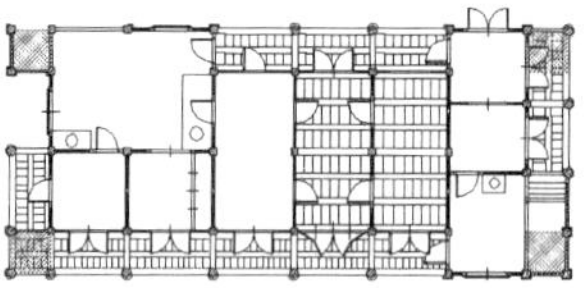<그림 3> 퇴 : 퇴</td><td>관점의방향</td><td>비례치</td></tr>
<tr><td>실별(면적)</td><td>안방 : 대청
대청 : 부엌
부엌 : 안방</td></tr>
<tr><td>전- 좌:우
후- 좌:우
전좌 : 후좌
전우 : 후우
전좌 : 후우
전우 : 후좌</td><td>퇴칸 : 퇴칸
(면적비례비)</td></tr>
<tr><td>內陣 : 外陣</td><td>내부 : 외부</td></tr>
<tr><td>북 - 후 퇴
서 - 좌 퇴 동 - 우 퇴
남 - 전 퇴</td><td>※참고사항</td><td>도리 柱間 - 칸 너비
보 柱間 - 칸 깊이</td></tr>
</table>

* 위의 도면은 연구자의 실측을 기준으로 임의로 작성한 것임

2. 평면구성의 비례관계 분석의 결과

1) 평면 분석

가. 정 면

① 間 너비:間 너비

각 가옥별로 퇴 칸을 제외한 柱間 比 0.9 ~1.2정도로 반복되는 柱間을 보이고 있는데, 예외적으로 나주 홍기응, 보성 임진영가옥이 칸들의 比가 1.6 ~1.5의 비를 보이고 있다. 이를 평균값으로 보면 각 가옥 마다 거의1.0배 比로 구성되어 있다고 할 수 있다.

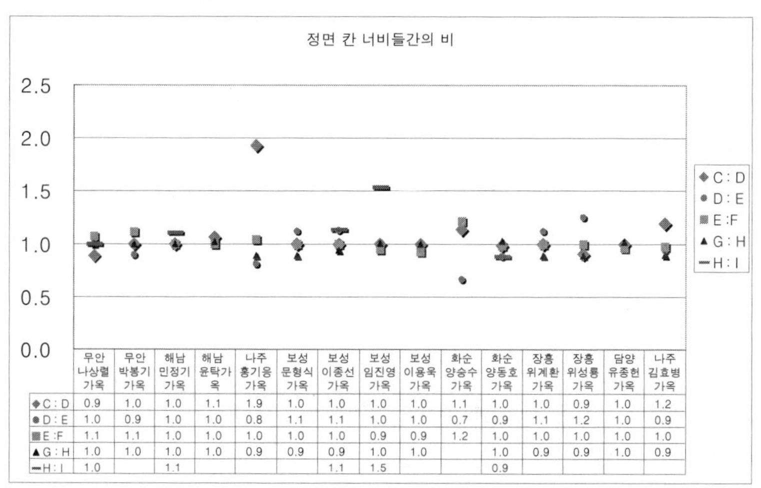

	무안 나상렬 가옥	무안 박봉기 가옥	해남 민정기 가옥	해남 윤탁가옥	나주 홍기응 가옥	보성 문형식 가옥	보성 이종선 가옥	보성 임진영 가옥	보성 이용욱 가옥	화순 양숭수 가옥	화순 양동호 가옥	장흥 위계환 가옥	장흥 위성룡 가옥	담양 유종헌 가옥	나주 김효병 가옥
◆ C : D	0.9	1.0	1.0	1.1	1.9	1.0	1.0	1.0	1.0	1.1	1.0	1.0	0.9	1.0	1.2
● D : E	1.0	0.9	1.0	1.0	0.8	1.1	1.1	1.0	1.0	0.7	0.9	1.1	1.2	1.0	0.9
▓ E : F	1.1	1.1	1.0	1.0	1.0	1.0	1.0	0.9	0.9	1.2	1.0	1.0	1.0	1.0	1.0
▲ G : H	1.0	1.0	1.0	1.0	0.9	0.9	0.9	1.0	1.0		1.0	0.9	0.9	1.0	0.9
━ H : I	1.0		1.1				1.1	1.5			0.9				

〈그림 4-6〉 정면 柱間 들간의 비례 비

② 退너비와 間너비와의 比

정면의 좌측퇴는 평균적으로 1200㎜인 4尺로 나타났고, 퇴와 칸 너비의 比값은 평균적으로 칸이 좌퇴의 2배 정도의 크기를 가지고 있었으며, 또 우측퇴의 比값을 보면 柱間이 퇴의 2.2배정도의 크기로 나타났다. 이는 우퇴의 옆에 위치하고 있는 칸 너비가 다른 실보다 크게 계획되어 있기 때문이다. 우퇴 옆칸의 평균값은 2650㎜로 나타났다.

좌·우 퇴를 모두 가지고 있는 평면형식에서 좌퇴 : 우퇴의 比값은 1:1의 비율을 보이고 있다.

나. 측면

① 間 너비 : 間 너비

측면에서 퇴를 뺀 柱間들 간의 비례는 평균값의 1.12 ~ 1.92까지의 넓은 분포를 보이고 있으므로, 측면의 경우 비례관계에 있어 유의성이 나타나지 않았다.

② 退너비와 間너비 比

측면의 퇴는 전·후퇴로 나누어 볼 수가 있는데, 전퇴는 1120㎜, 후퇴는 739㎜의 평균값을 가지고 있으나, 후퇴의 경우 조사대상 가옥 중 55%만이 나타나고 있고, 또, 그 크기의 오차가 커서 유의성을 찾을 수가 없다.

전퇴와 측면間너비의 比에서는 평균적으로 전퇴가 柱間의 0.61배 정도로 나타났고, 후퇴의 경우 유의성이 없게 나타났다.

다. 정면柱間 : 측면柱間

각 가옥 마다 정면柱間 : 측면柱間은 평균적으로 1.2:1의 比로 나타났고, 평균 정면 : 측면의 柱間너비는 2400㎜, 1920㎜와 2700㎜, 2160㎜가 가옥별로 나타났다.

라. 도리間과 보間의 길이 比

정면의 총길이는 평균 16000㎜ 이고, 측면 총길이는 6400㎜로 정면길이가 측면길이의 2.5:1의 比로 나타났다.

예외적으로 해남 민정기가옥과 해남 윤탁가옥, 보성 이종선가옥만이 정면의 길이가 측면의 길이의 3배가 넘고 있다.

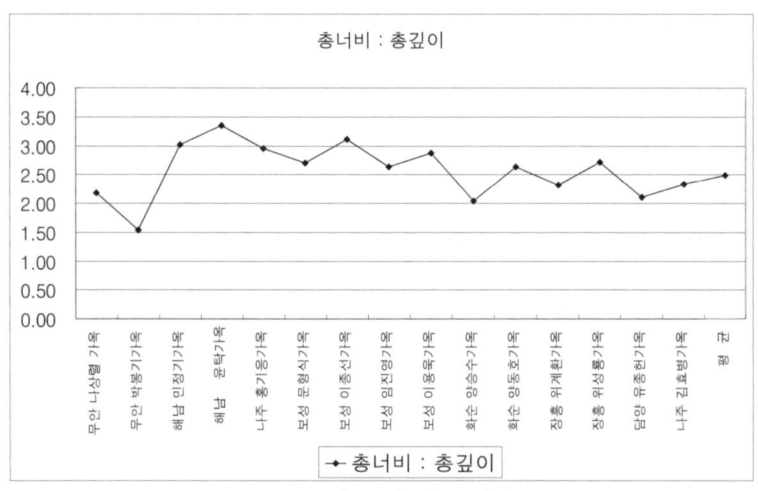

〈그림 4-7〉 총너비와 총깊이와의 비

2) 실별 분석

(1) 간(間) 너비와 간(間) 깊이와의 比

안방의 경우 평균적으로 칸너비 2600㎜와 칸깊이 2600㎜로 1:1의 정방형의 형태의 比를 나타내고 있었다.

대청의 경우, 평균적으로 칸너비 2440㎜와 칸깊이 2800㎜로 안방과는 달리 33%만이 1:1의 정방형 형태의 比를 나타내고 있으며 나머지 66%는 0.5~0.93 까지의 오차를 보이고 있어 유의성이 없다. 대청의 공간 기능상 정방형보다는 장방형의 형태를 보이면서 정면의 柱間이 측면의 柱間보다 큰 것으로 나타났다. 대청의 칸너비:칸깊이의 비는 1:0.88배를 나타내어 측면으로 긴 장방형 형태를 나타내고 있다.

부엌의 경우 칸너비 2900㎜와 칸깊이 2800㎜로 평균적으로 1.06:1배 정도로 나타났고, 이는 대청과는 달리 칸너비가 칸깊이보다 큰 장방형 형태로 나타났다.

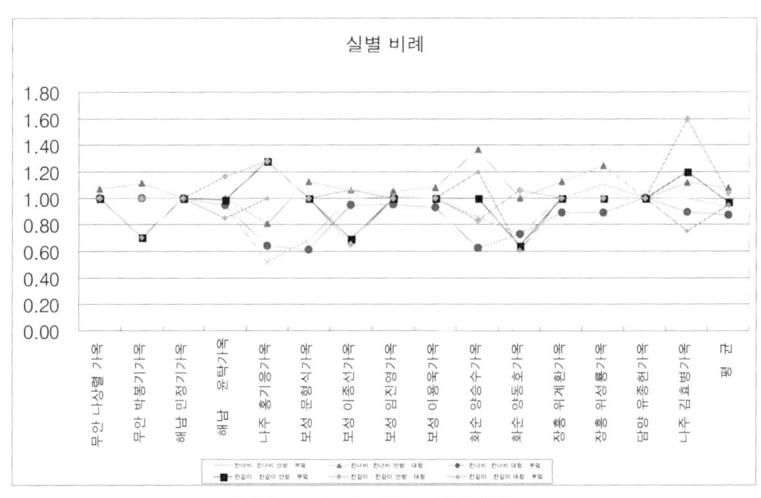

〈그림 4-8〉 칸너비 : 칸깊이의 比

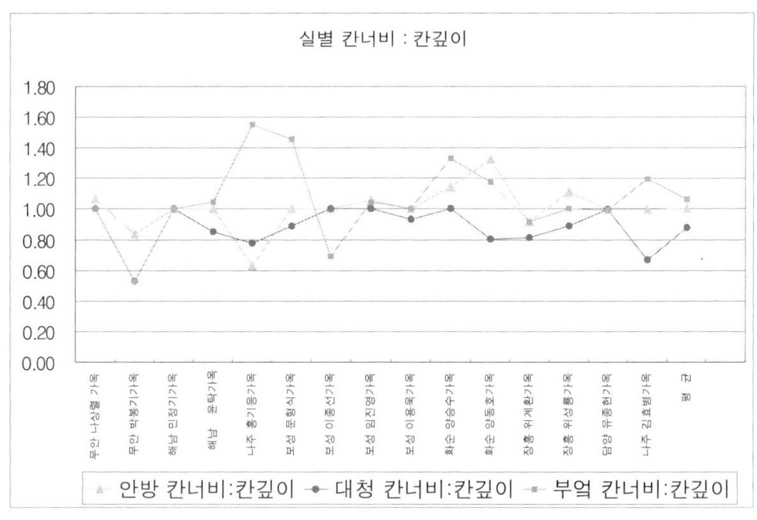

〈그림 4-9〉 실별 비례

(2) 실별 칸너비와 칸너비와의 比

안방과 부엌의 柱間 比는 평균적으로 안방의 칸너비가 부엌의 칸너비의 0.88배로서 부엌의 柱間 이 안방의 柱間 보다 큰 것으로 나타났다.

안방과 대청의 柱間 比는 평균적으로 안방의 칸너비가 대청의 칸너비의 1.08배로 안방이 대청보다 크게 나타났다.

대청과 부엌 柱間 比는 20%만이 1:1의 같은 크기를 나타내고 있으며 나머지 80%는 0.6~0.95 까지의 분포를 보이고 있으며 평균적으로 대청의 柱間이 부엌의 柱間의 0.94배 정도로 대청이 부엌보다 작은 것으로 나타났다.

(3) 실별 칸깊이 와 칸깊이 比

각 실별 칸깊이의 比는 평균적으로 안방의 칸깊이가 부엌의 칸깊이의 0.97배로 안방이 부엌보다 작은 것으로 나타났고, 안방과 대청의 경우 0.94:1로 안방이 대청보다 작게 나타나고 있으며, 대청과 부엌의 경우 1.04:1로서 대청의 칸깊이가 부엌보다 큰 것으로 나타나고 있다.

〈표 4-9〉 총괄적 주간(柱間) 실별 비례

	칸너비 : 칸길이			칸너비 : 칸너비			칸깊이 : 칸깊이		
	안방	대청	부엌	안 : 부	안 : 대	대 : 부	안 : 부	안 : 대	대 : 부
무안나상렬	1.07	1	1	1.07	1.07	1	1	1	1
무안박봉기	0.83	0.53	0.53	1.12	1.12	1.00	0.71	0.71	1.00
해남민정기	1.00	1.00	1.00	1.00	1.00	1.00	1.00	1.00	1.00
해남 윤 탁	1.00	0.85	1.05	0.94	1.00	0.94	0.99	0.85	1.16
나주홍기웅	0.63	0.78	1.55	0.52	0.81	0.64	1.28	1.00	1.28
보성문형식	1.00	0.89	1.45	0.69	1.12	0.61	1.00	1.00	1.00
보성이종선	1.00	1.00	0.69	1.00	1.06	0.94	0.69	1.06	0.65
보성임진영	1.05	1.00	1.05	1.01	1.05	0.95	1.00	1.00	1.00
보성이용욱	1.00	0.93	1.00	1.00	1.08	0.93	1.00	1.00	1.00
화순양승수	1.14	1.00	1.33	0.86	1.37	0.63	1.00	1.20	0.83
화순양동호	1.32	0.81	1.17	0.72	1.00	0.73	0.64	0.61	1.06
장흥위계환	0.92	0.82	0.92	1.00	1.12	0.89	1.00	1.00	1.00
장흥위성룡	1.11	0.89	1.00	1.11	1.25	0.89	1.00	1.00	1.00
담양유종헌	1.00	1.00	0.99	1.00	1.00	1.00	1.00	1.00	1.00
나주김효병	1.00	0.67	1.20	1.00	1.12	0.89	1.20	0.75	1.60
평 균	1.00	0.87	1.04	0.89	1.06	0.84	0.93	0.93	1.00

3) 이차원적 분석

이차원적 분석은 면적 비례를 고찰하기 위하여 각 실들의 柱間을 1칸을 기준으로 분석하였다.

가. 실별 주간(柱間) 면적 比

안방과 부엌의 면적의 比는 0.66~1.92 까지 분포하고 있으며 평균적으로 안방이 부엌의 1.07배로 안방의 柱間크기가 부엌보다 큰 것으로 나타났다.

안방과 대청의 면적比는 0.52~1.72까지의 분포를 보이고 있으며, 평균적으로 안방과 대청이 1.03:1로서 안방이 대청보다 크게 나타났으며, 실 전체 크기면적은 0.44:1로 안방이 대청의 1/2도 되지 않은 것으로 나타났다.

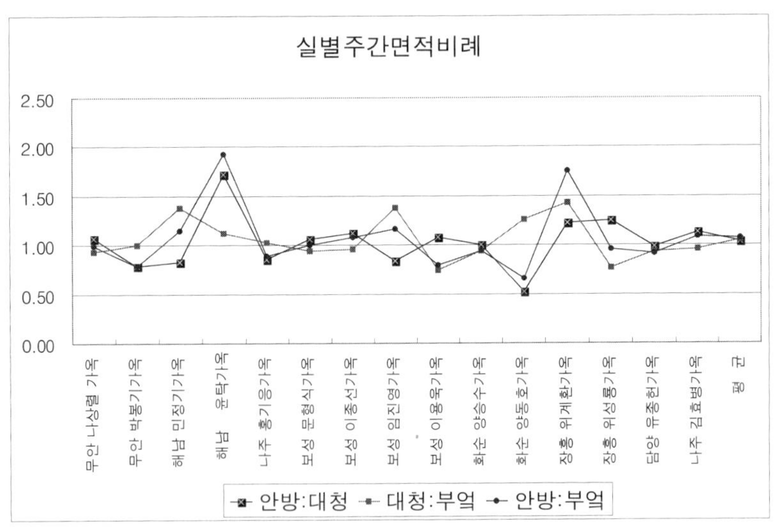

〈그림 4-10〉 실별 주간(柱間) 면적비례

대청과 부엌의 면적비(面積比)는 0.77~1.43까지 분포하고 있으며, 평균적으로 대청과 부엌이 1.05:1 로 나타났다. 이는 대청이 부엌의 기능보다 더 큰 것으로 나타났다.

전체 실면적을 보았을때 대청>부엌>안방의 순 이었으나, 각 실들의 칸을 한칸을 기준으로 면적을 산출하여 비교하여 본 결과 안방의 柱間이 가장 큰 것으로 나타났으며, 그 다음이 대청, 부엌의 순으로 나타났다.

나. 가옥별 퇴 칸 면적 比

① 좌 : 우

좌퇴와 우퇴의 비례비는 전·후퇴로 나누어 볼 수가 있다. 도리柱間의 좌퇴와 우퇴의 比는 1:1의 정방형 형태를 이루고 있어 面積比가 같은 것으로 나타났고, 후면에서의 좌우퇴의 면적 比는 정면과 같이 1:1의 정방형으로 계획되어진 것으로 볼 수 있다.

그 외의 퇴칸:퇴칸 과의 比 에서는 전·후·좌·우퇴 유형별로 존재하는 가옥별로 모든 比가 1:1의 비율로 정방형 형태로 계획되어 졌다.

다. 내진 : 외진 (內陣 : 外陣)

내진과 외진의 면적 比는 퇴에 따라서 약간의 차이가 있다.

각 가옥별로 내진과 외진의 면적 比는 0.6 ~ 4.94 까지의 넓은 분포를 보이고 있으며, 4가옥이 내진의 넓이가 외진의 넓이의 1배가 채 되지 못한 것으로 나타났다. 이는 실면적 보다는 퇴가 발달되어 계획되어진 것으로 볼 수 있다. 또, 3가옥들이 내진의 넓이가 외진보다 1배가 약간 넘은 것으로 나타났고, 3가옥이 내진의 넓이가 외진보다 5배 가까이 발달된 것으로 나타났다. 총괄적으로 평균적인 내진:외진은 2.13:1로 분포의 오차가 커서 유의성은 없다고 볼 수 있다.

3. 소 결

본 절에서는 전통주거건축의 평면에 있어서 수치적으로 비례관계를 살펴봄으로써 각 부분과 부분이 지니고 있는 유기적인 관계를 알 수 있다.

1) 1:1의 比

각 가옥별 정면에서 퇴칸을 제외한 각 칸너비들 比가 평균값 1:1의 比로 평면의 계획이 이루어졌고, 좌퇴와 우퇴의 比는 1:1로 대칭으로 계획되어 있었다. 또 정면과 측면에서 전퇴와 좌퇴의 比는 1:1의 비율로 계획되어졌는데, 여기서 좌퇴는 칸너비와의 1/2의 比로 계획되어졌다. 안방의 칸너비와 칸깊이 비례 또한 1:1의 비율로 정방형의 형태로 계획되어졌고, 좌퇴와 우퇴와의 면적비 에서도 1:1의 정방형 형태를 이루고 있었다.

2) 실별 比

〈표 4-10〉 실별 비례

실별 칸깊이 : 칸깊이	실별 칸너비 : 칸너비
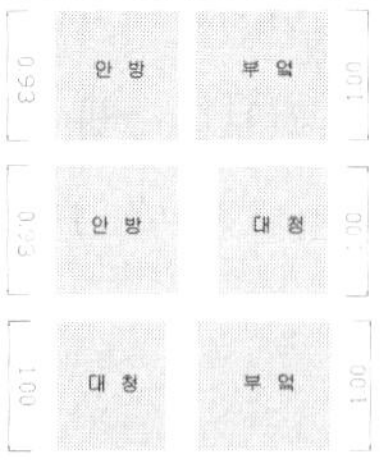 안방 0.93 / 부엌 1.00 안방 0.93 / 대청 1.00 대청 1.00 / 부엌 1.00	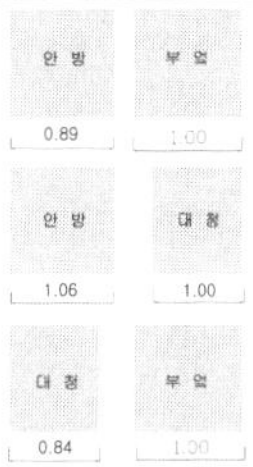 안방 0.89 / 부엌 1.00 안방 1.06 / 대청 1.00 대청 0.84 / 부엌 1.00
柱間면적 比	**실별 칸너비 : 칸깊이**
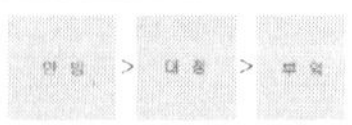 안방 > 대청 > 부엌	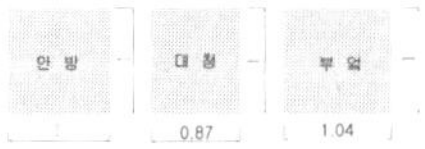 안방 / 대청 0.87 / 부엌 1.04

실별 比는 <표 4>와 같이 정리되었다.

3) 정면 : 측면의 총길이

정면 : 측면 비례에서 정면의 칸너비와 측면의 칸너비가 1.2:1의 比를 가지고 있었으며, 평균값 총길이의 比는 정면이 측면의 2.5:1로 계획되어 졌다.

4) 실별 면적비

面積比에서 전체면적비 는 대청>부엌>안방의 순으로 계획되어졌고, 柱間 면적비례는 안방>대청>부엌의 순으로 나타났다. 이는 전체 면적비가 아닌 각 실의 한 칸을 기준으로 본 것으로, 안방의 경우 한 칸의 柱間을 크게 계획한 대신 대청과 부엌에 비해 칸의 수가 작은 것으로 나타났고 대청과 부엌의 경우 한 칸의 크기가 작은 대신 칸수를 여러 개 사용하여 계획한 것으로 나타났다. 대청은 안방과 건넌방사이의 출입의 전실로서의 기능과 여름철에는 안주인의 거처실로서의 기능의 특성 등을 가지고 있어 공간활용도가 높아 대청의 전체면적을 크게 계획한 것으로 볼 수 있다.

그 외의 전퇴와 후퇴의 比는 전퇴가 후퇴의 1.21배 정도로 계획되어진 것으로 볼 수 있다. 또, 좌측퇴와 칸너비와의 比는 좌측퇴가 칸너비의 2배정도의 크기로 계획되어 졌다.

전통주거건축의 평면에서 각 요소들이 이루고 있는 비례관계를 수치적으로 분석하여 봄으로써 다음과 같이 요약할 수 있다.

각 요소들간의 선적구성은 정면柱間 8척~10척, 梁間柱間 6척~8척의 단위를 추구하고 있음을 알 수 있었고, 면적구성들은 주간을 기준으로 분석해 보았을때 거주시간이 높은 안방>대청>부엌의 순으로 계획되었으며, 전체 면적구성은 기능성 및 활용도가 높은 대청>부엌>안방의 순으로 계획되었다. 이는 우리 선조들이 생활상의 기능적인 면적계획단위 를 추구하고자 한 것임을 유추해 볼 수 있다.

평면구성의 비례치는 대부분의 요소들이 1:0.8~1:1.2 비례치에 분포하고 있는 것으로 그 중 정방형인 1:1의 비례치가 가장 많은 것으로 분석되었다. 이러한 결과를 통해 볼 때, 평면은 각 요소들간의 구성이 대부분 정방형의 1:1의 비례관계를 내포하였던 것으로 보인다

이러한 비례체계는 기존의 루트 비, 황금비 등의 비례개념과는 다른 우리 전통건축에서 나타나는 형식적 규범으로서, 단위를 기본으로 계획하여 나타나는 한국적인 비례체계이지 않을까 생각한다.

Ⅳ. 전남지방 전통주거건축 가구구성요소의 상관성[6]

1. 서

집을 짓는 행위는 개인의 창작행위를 넘어서 집단적 창조행위이며 한 사회의 문화적 현상으로 표출되고 있다.[7] 따라서 주거건축은 한 시대의 문화를 공유하고 형성해 가는 사람들의 생활상이 실제적으로 반영되는 유구(遺構)이며, 건축사적인 측면에서 주거건축은 그 시대의 모든 건축의 근간이 된다.

지금까지 전통주거건축에 대한 연구는 평면형식, 가구구조(架構構造), 배치형태 등 1차적인 요소에 대한 치밀한 분석적 연구과정을 소홀히 한 채 주거건축의 공간 및 양식의 변화과정이나, 의장요소들에 의한 건축적 해석에 중점을 두고 진행되었다. 이러한 인식 하에 주거건축의 가구

---

6) 김정언, 천득염, 전통주거건축 가구구성요소의 상관성에 관한 연구, 대한건축학회 논문집, 2002.06, 18권 4호.
7) Amos Rapoport, 「住居形態와 文化」, 이규목 譯, 열화당, 1985, 72~88쪽.

구성요소를 실측조사한 후 가구형식를 중심으로 평면형식, 건립연대에 따라 건물을 형성하는 기본부재와 평면요소(측면간격), 입면요소(수직높이)가 어떠한 상관성을 가지고 있는지 살펴봄으로써 그 당시 건물을 조영하는 구조적 원리를 밝혀보고자 하는 노력이 필요하다고 생각한다.

조선후기 전남지방 중상류주택 안채에 대하여 평면형식, 가구형식, 건립연대의 유형분류와 중상류주거의 구조적 특성과 내재된 건축적 특성을 규명하여 가구구성요소의 상관성분석을 위한 이론적인 틀을 마련하는데 그 의의를 두고자 한다.

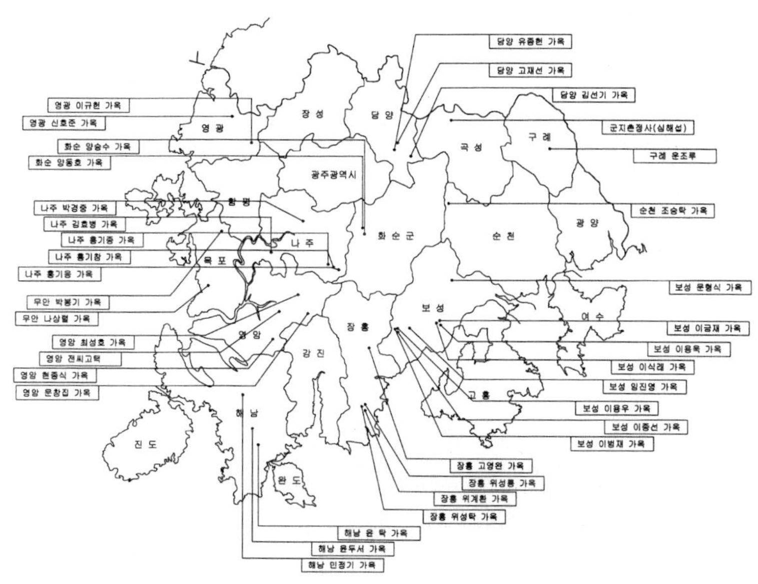

〈그림 4-11〉 연구 대상 가옥 분포도

조사대상은 전통주거건축 중 건축유구를 실측조사할 수 있고 대상의 시대성과 건축적 특성 등이 객관적인 평가를 받을 수 있는 문화재 지정 가옥들로 선정하였다. 대상 범위는 2001년 3월 현재 문화재로 지정된 전남지방 주거건축 중 서민주택에 비해 가구 구조적 특성 및 공간의 분화,

평면 형태 등 건축적 특성을 잘 살펴볼 수 있는 조선후기 중상류주택 안채를 중심으로 분석하였으며 그 건립연대는 1900년대 초까지의 건축물로 한정하여 조사를 실시하였다.

첫째, 각 지역 중심으로 2001년 5월~8월까지 총 44개 가옥의 실측조사를 실시하였다. 조사기간 동안 평면형태 및 배치와 가구부분의 실측을 통해 각 부재의 치수와 구조적 특성에 관한 1차적 자료를 수집하였다.

둘째, 전통주거건축 가구구성요소의 상관성을 밝힐 수 있는 종합된 자료들을 "SAS"을 이용하여 가구형식, 평면형식, 건립연대를 중심으로 각각의 유형분류와 평균비교분석, χ^2-검정, 상관분석, 회귀분석을 실시하였다.

2. 조사기준 및 분석방법

1) 조사기준

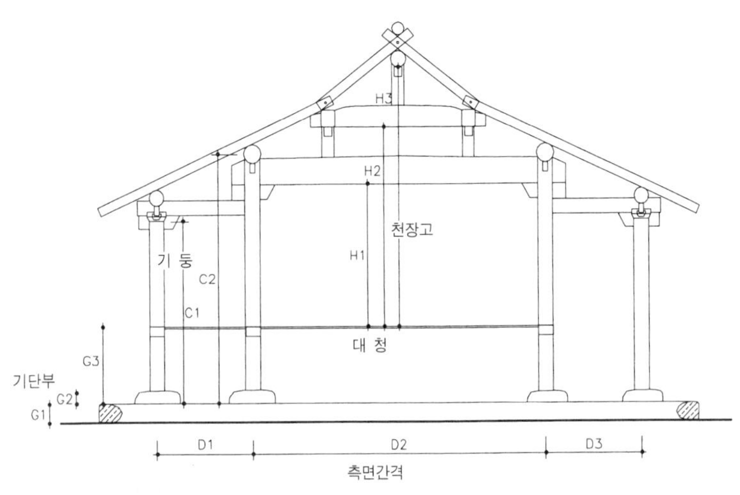

〈그림 4-12〉 측정 기준도

평면형태, 가구구조 및 수직 높이, 부재 등에 대한 조사 위치는 실(室)구성의 중심이 되는 대청마루에서 측정하였고 기단부 높이는 가옥 전면부에서 최대한 원형상태를 유지하여 실측하였다. 그러나 대청을 천장마감한 가옥은 정확한 측정을 할 수 없어 연구 대상에서 제외시켰다.

2) 분석방법

(1) 유형분류

조사가옥 44가옥 중 연구대상 선정기준에 적합한 37가옥의 가구형식, 평면형식, 건립연대에 따른 가옥 안채의 유형분류를 통해 이 지역의 건축적 특징을 살펴보고자 하였다.

(2) 상관성분석

① 평균비교분석 : 대상가옥의 가구형식, 평면형식, 건립연대에 대한 기둥 높이[8]와 단면적, 보 단면적, 천장고의 T-TEST와 분산분석을 하였다.

② χ^2-검정 : 가구형식과 평면형식, 가구형식과 건립연대, 평면형식과 건립연대의 상호관련성 유무를 알아보기 위해 실시하였다.

③ 상관분석 : 평면요소인 측면간격[9]과 입면요소인 기둥 높이, 천장고[10]와 기단부 높이[11]와 그리고 구성부재의 상호 관련성을 파악하였다.

④ 회귀분석 : "상관분석"에서 사용한 변수 사이에 서로 어떤 변수가 어느 정도의 영향을 주는가를 알아보기 위해 분석을 실시하였다.

---

8) 기둥 높이는 주춧돌 밑(기단 위)에서 납도리의 그레먹, 굴도리의 수평 반지름선 또는 창방 위나 주두 밑까지 측정하였다.

9) 측면간격은 전면 퇴칸의 평주~고주(이하 "前退"), 고주~고주, 고주~후면 퇴칸의 평주(이하 "後退")까지로 구분하여 측면간격과 다른 변수와의 관계를 분석하였다.

10) 대청마루(F.L)에서 종도리, 종보, 들보로 구분하여 측정.

11) G.L~기단, 기단~초석, 기단~툇마루로 구분하여 측정.

〈표 4-11〉 연구 대상 주거의 가구형식(8형식)

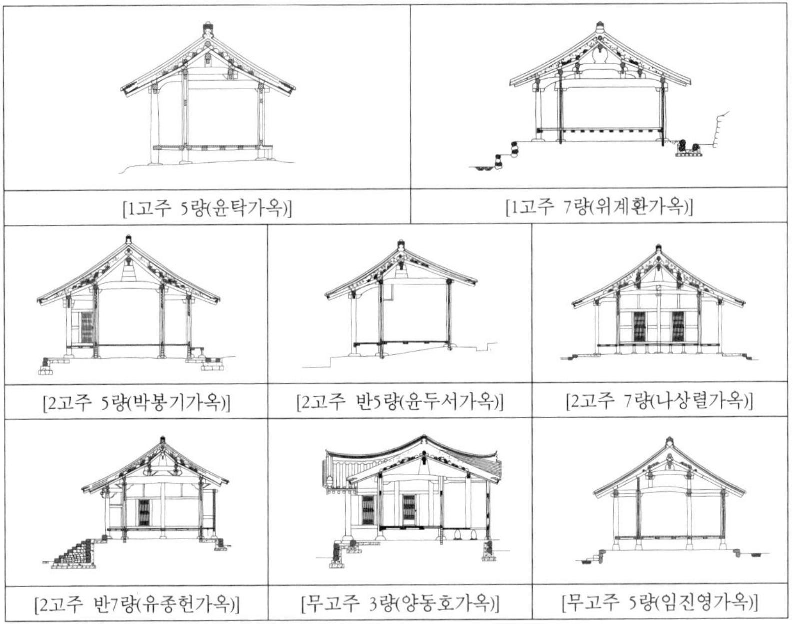

* 위의 도면은 연구자의 실측을 기준으로 작성한 도면임

3. 유형분류

1) 가구형식

　대상가옥의 가구형식은 <그림 3>과 같이 1고주 5량·1고주 7량, 2고주 5량·2고주 반5량·2고주 7량·2고주 반7량, 무고주 3량·무고주 5량 등 8가지 가구형식으로 분류되었으며, 2고주 5량(48.6%) 가구형식이 가장 많았고, 2고주 7량(16.21%)과 1고주 5량(10.81%) 순으로 나타났다.

<표 4-12> 대상가옥의 유형분류

가구형식	가 옥(건립연대)	평면구성
1고주 5량	윤 탁(1906년)	정면5칸 좌우퇴, 좌측면1칸 전퇴 우측면5칸 좌우퇴(ㄱ자)
	이범재(1887년)	정면6칸 좌퇴, 좌측면1칸 좌우퇴, 우측면4칸(ㄱ자)
	김선기(1825년 대중수)	정면5칸, 측면2칸, 중앙측면1칸 전퇴(ㄷ자)
	신호준(1850년대)	정면5칸, 좌측면1칸 전후퇴, 우측면4칸 후퇴(ㄱ자)
1고주 7량	위계환(1937년)	정면5칸, 측면2칸 전좌우퇴(一자)
2고주 5량	이규행(1750년대)	정면6칸, 측면1칸 전좌우퇴(一자)
	김효병(1924년)	정면5칸 좌우퇴, 좌측면4칸 좌우퇴 우측면1칸 우퇴(H자)
	위성탁(1910년대)	정면5칸, 측면2칸 전후좌우퇴(一자)
	홍기웅(1892년)	정면6칸, 측면1칸 전후우퇴(一자)
	박경중(1934년)	정면7칸, 측면2칸 전후좌우퇴(一자)
	고재선(1921년)	정면6칸, 측면1칸 전후좌퇴(一자)
	최성호(1800년대 말)	정면5칸, 측면2칸 전퇴(一자)
	전씨 고택(1846년)	정면5칸, 측면1칸 전후우퇴(一자)
	문창집(1795년 대중수)	정면5칸, 측면1칸 전후퇴(一자)
	민정기(1845년 대중수)	정면6칸, 측면1칸 전후우퇴(一자)
	운조루(1756년)	몸채 정면4칸, 측면1칸 전퇴(ㄷ자)
	이금재(1900년대 전후)	정면5칸, 측면2칸 전좌우퇴(凹자)
	이용욱(1904년)	정면5칸, 측면1칸 전좌우퇴(一자)
2고주 5량	이식래(1891년)	정면5칸, 측면1칸 전후좌퇴(一자)
	이종선(1908년)	정면7칸, 측면1칸 전후좌우퇴(一자)
	문형식(1900년대 초)	정면5칸, 측면1칸 전후좌우퇴(一자)
	박봉기(1920년대)	정면5칸, 측면1칸 전후좌우퇴(一자)
	김봉호(1946년)	정면5칸, 측면1칸 전후좌우퇴(一자)
2고주 반5량	윤두서(1811년 대중수)	정면5칸, 측면4칸 전좌우퇴(ㄷ자)
2고주 7량	위성룡(1946년)	정면6칸, 측면1칸, 전후우퇴(一자)
	홍기창(1918년)	정면6칸, 측면2칸, 전좌우퇴(一자)
	현종식(1902년)	정면5칸, 측면2칸, 전후퇴(一자)
	조순탁(1934년)	정면6칸, 측면1칸 전후좌퇴(一자)
	군지촌정사 (1800년대 초)	정면4칸, 측면1칸 전후퇴(一자)
	나상렬(1917년)	정면6칸, 측면2칸 전후좌우퇴(一자)
2고주 반7량	고영완(1852년)	정면6칸, 측면2칸 전퇴(一자)
	유종헌(1919년 대중수)	정면5칸, 측면2칸 전좌우퇴(一자)
무고주 3량	양동호(1700년대 중)	몸채5칸×1칸 후퇴(ㄷ자), 좌익1칸×3칸 우익1칸×3칸 전퇴
무고주 5량	양승수(1700년대 중)	몸채3칸×1칸 전후퇴(ㄷ자) 좌익1칸×3칸 전퇴, 우익1칸×3칸
	이용우(1908년)	정면5칸, 측면3칸 전후좌우퇴(凹자)
	임진영(1900년대 초)	정면5칸, 측면1칸 전후좌우퇴(一자)

2) 평면형식

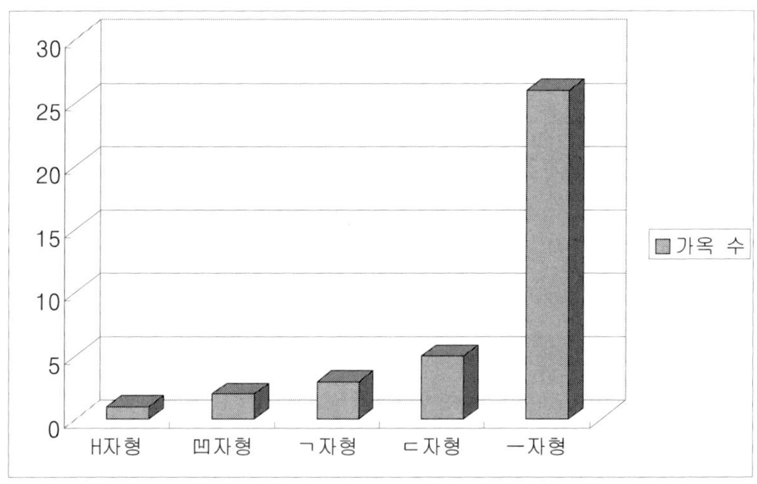

〈그림 4-13〉 평면 유형분류

대상가옥의 평면은 '一자형', 'ㄷ자형', 'ㄱ자형', '凹자형', 'H자형' 등 5가지 평면형식으로 분류할 수 있다. 연구대상 37가옥 중 '一자형' 26가옥, 'ㄷ자형' 5가옥, 'ㄱ자형' 3가옥, '凹자형' 2가옥, 'H자형' 1가옥 등으로 남부지방의 일반적인 평면형식인 '一자형' 주거가 70.3%로 '非一자형' 주거에 비해 훨씬 많은 분포를 나타내고 있다(<그림 4-13>).

3) 건립연대

건립연대의 측정은 가옥의 상량문을 가장 우선적인 기준으로 삼았다. 최초 건립 후 대중수를 한 가옥은 대중수 당시의 건립연대를 사용하였다.

건축유구가 현존하는 가옥을 연구 대상으로 선정한 결과 가옥들의 건립연대가 1700년대 후반에서 1900년대 초반까지의 주거들로 구성되어 있다. 대부분의 가옥이 1900년대 초반(56.75%)에 건립되었고 건립연대에 따라서 평면형태나 지역 분포에 미치는 영향은 없었다.

4. 상관성분석

1) 평균비교분석

(1) 가구형식에 따른 평균비교

가구형식에 따른 평균비교의 유의성을 위해 1고주형식(5가옥), 2고주형식(28가옥), 무고주형식(4가옥)으로 분류하여 각 변수들에 대한 평균비교분석을 실시하였다.

첫째, 기둥 높이의 평균은 고주의 경우 1고주형식, 평주는 무고주형식의 높이가 가장 높았고, 기둥 단면적 평균비교를 살펴보면 고주는 비슷한 값을, 평주는 무고주형식의 단면적이 가장 높은 값을 나타냈다(<표 4-13>).

〈표 4-13〉 가구형식에 따른 기둥 높이(㎜)/단면적(㎟) 평균비교

가구 형식	V	N	Mean		Min		Max	
			높이	단면적	높이	단면적	높이	단면적
1고주	고주	5	3310.00	46894.80	2940.00	42849.00	3480.00	52900.00
	평주	5	2785.00	47370.70	2580.00	40000.00	3010.00	53066.00
2고주	고주	28	3289.18	43640.25	2720.00	27225.00	3689.00	67600.00
	평주	28	2791.89	45662.45	2420.00	25600.00	3100.00	85486.00
무고주	평주	4	2947.50	54850.00	2680.00	40000.00	3290.00	72800.00

〈표 4-14〉 가구형식에 따른 보 단면적 평균비교(단위:㎟)

가구 형식	V	N	Mean	Std Dev	Min	Max
1고주	종 보	5	58525.00	23918.26	30625.00	96000.00
	들 보	5	95408.50	44087.73	52900.00	158962.50
	퇴 보	5	42391.60	27432.67	13500.00	87500.00
2고주	종 보	12	58796.80	20175.63	36000.00	102000.00
	들 보	28	90192.22	44264.85	36300.00	260000.00
	퇴 보	28	37131.82	13652.21	18850.00	75600.00
무고주	종 보	3	63333.33	18551.10	48400.00	84100.00
	들 보	4	97450.00	36620.35	48400.00	136800.00
	퇴 보	4	33950.00	8675.44	21600.00	40000.00

둘째, 보 단면적의 평균은 각 가구형식별로 비슷한 값을 보였으나 들보는 무고주형식, 퇴보는 1고주형식에서 가장 두꺼운 부재를 사용했다(<표 4-14>).

셋째, 천장고의 높이는 대청마루(F.L)에서 종도리, 종보, 들보까지의 높이를 측정하여 평균비교 하였다. F.L~종도리의 높이는 무고주형식, F.L~종보와 F.L~들보의 높이는 2고주형식인 경우에 각각 가장 높은 평균 값을 보인다(<표 4-15>).

<표 4-15> 가구형식에 따른 천장고의 평균(단위:mm)

가구 형식	V	N	Mean	Std Dev	Min	Max
1고주	F.L~종도리	5	3583.00	625.86	2950.00	4610.00
	F.L~종보	5	2730.60	379.57	2380.00	3295.00
	F.L~들보	5	2300.20	228.82	1955.00	2590.00
2고주	F.L~종도리	28	3608.50	549.47	2800.00	4610.00
	F.L~종보	12	3329.18	336.82	2640.00	3725.00
	F.L~들보	28	2634.11	281.56	1990.00	3060.00
무고주	F.L~종도리	4	3770.00	238.61	3420.00	3940.00
	F.L~종보	3	3205.00	147.56	3110.00	3375.00
	F.L~들보	4	2445.00	178.96	2235.00	2650.00

가구형식에 따른 평균비교 결과 각 요소의 평균 차는 나타났지만 F.L~종보(P-value=0.0138<0.05), F.L~들보(P-value=0.0334<0.05)의 높이만 평균비교에 대한 유의성을 나타내고 있음을 알 수 있다. 즉, 가구형식에 따른 각 요소들의 평균비교 결과 천장고의 높이를 제외한 나머지 요소들은 각 가구형식별로 비슷한 구조적 특성을 유지하고 있음을 알 수 있다.

(2) 평면형식에 따른 평균비교

대상가옥의 평면형식은 5가지형식으로 분류되었으나 결과의 유의성을 위해 '一자형' 평면형식(26가옥)과 '非一자형' 평면형식(11가옥)으로 분류하였다.

〈표 4-16〉 평면형식에 따른 기둥 높이(㎜)/단면적(㎟) 평균비교

평면 형식	V	N	Mean		Min		Max	
			높이	단면적	높이	단면적	높이	단면적
非一자형	고주	8	3298.75	50517.27	2940.00	40000.00	3480.00	72800.00
	평주	11	2824.09	50037.59	2580.00	38025.00	3290.00	72800.00
一자형	고주	25	3290.28	43081.19	2720.00	27225.00	3689.00	67600.00
	평주	26	2800.88	45553.41	2420.00	25600.00	3100.00	85486.60

첫째, 평면형식에 따른 기둥 높이와 단면적의 평균비교는 '非一자형' 평면형식이 모두 '一자형' 평면형식 보다 더 높게 나타났다(〈표 4-16〉).

둘째, 보의 단면적 평균는 평면형식이 '一자형'인 경우에 '非一자형' 의 단면적 보다 평균 값이 높게 나타났다(〈표 4-17〉).

〈표 4-17〉 평면형식에 따른 보 단면적 평균비교(단위:㎟)

평면 형식	V	N	Mean	Std Dev	Min	Max
非一자형	종 보	6	50420.83	10894.57	30625.00	60000.00
	들 보	11	79883.69	30774.32	39740.63	136800.00
	퇴 보	11	35029.82	9150.04	13500.00	50600.00
一자형	종 보	14	63261.54	21878.81	36000.00	102000.00
	들 보	26	96673.23	46180.68	36300.00	260000.00
	퇴 보	26	38466.96	17346.98	18850.00	87500.00

셋째, 천장고의 평균는 '一자형' 평면형식의 가옥이 '非一자형' 가옥 보다 더 높은 평균 값을 나타냈다(〈표 4-18〉).

〈표 4-18〉 평면형식에 따른 천장고 평균비교(단위:㎜)

평면 형식	V	N	Mean	Std Dev	Min	Max
非一자형	F.L~종도리	11	3393.18	322.62	2950.00	3940.00
	F.L~종보	6	2766.33	332.73	2380.00	3130.00
	F.L~들보	11	2455.00	297.94	1955.00	2976.00
一자형	F.L~종도리	26	3719.54	570.11	2800.00	4610.00
	F.L~종보	14	3330.08	307.91	2640.00	3725.00
	F.L~들보	26	2616.58	275.47	1990.00	3060.00

평면형식에 따른 평균비교는 고주(P-value=0.0469<0.05) 단면적과 F.L~종보(P-value=0.0021<0.05)의 높이는 평면형식에 따라 유의성이 있는 것으로 나타났다. 즉, 기둥 단면적 평균은 '非一자형' 평면형식, 천장고의 평균은 '一자형' 평면형식이 현저히 높은 값을 보이고 있음을 알 수가 있다.

(3) 건립연대에 따른 평균비교

건립연대에 따른 평균비교의 유의한 결과를 위해 1700년대, 1800년대, 1900년대 100년 단위로 가옥의 건립연대를 구분하였다.

첫째, 기둥 높이의 평균을 살펴보면 1900년대에 건립된 가옥의 고주와 평주의 높이가 모두 가장 높게 나타났다. 기둥 단면적의 평균은 1700년대의 고주와 평주가 모두 가장 높은 값을 보이고 있다(<표 4-19>).

〈표 4-19〉 건립연대에 따른 기둥 높이(㎜)/단면적(㎟) 평균비교」

건립 연대	V	N	Mean		Min		Max	
			높이	단면적	높이	단면적	높이	단면적
1700년대	고주	3	3191.67	56880.00	3005.00	40000.00	3370.00	72800.00
	평주	5	2836.00	58224.10	2420.00	37050.00	3290.00	72800.00
1800년대	고주	11	3119.45	44425.91	2720.00	27225.00	3689.00	57600.00
	평주	11	2662.64	45480.09	2420.00	25600.00	2995.00	85486.50
1900년대	고주	19	3408.32	42986.48	3170.00	27225.00	3680.00	67600.00
	평주	21	2877.62	44923.84	2600.00	25600.00	3100.00	66018.50

〈표 4-20〉 건립연대에 따른 보 단면적 평균비교(단위:㎟)

건립 연대	V	N	Mean	Std Dev	Min	Max
1700년대	종 보	2	44200.00	5939.70	40000.00	48400.00
	들 보	5	82420.00	35539.30	48400.00	136800.00
	퇴 보	5	40080.00	10645.75	25600.00	50600.00
1800년대	종 보	5	48805.00	14105.06	30625.00	65000.00
	들 보	11	69393.64	25704.19	36300.00	135300.00
	퇴 보	11	29428.00	9874.29	13500.00	44000.00
1900년대	종 보	13	65827.82	20650.43	36000.00	102000.00
	들 보	21	105561.65	46565.93	39740.63	260000.00
	퇴 보	21	41111.48	17305.96	21141.00	87500.00

둘째, 보 단면적 평균은 1900년대에 건립된 가옥의 종보, 들보, 퇴보가 모두 가장 높은 값을 나타내고 있다(<표 4-20>).

셋째, 천장고의 평균을 살펴볼 때 1900년대에 건립된 가옥의 F.L~종도리, F.L~종보, F.L~들보 높이의 평균이 가장 높은 값을 보이고 있다(<표 4-21>).

<표 4-21> 건립연대에 따른 천장고 평균비교(단위:mm)

건립 연대	V	N	Mean	Std Dev	Min	Max
1700년대	F.L~종도리	5	3366.00	312.22	3020.00	3820.00
	F.L~종보	2	2875.00	332.34	2640.00	3110.00
	F.L~들보	5	2465.20	369.60	1990.00	2976.00
1800년대	F.L~종도리	11	3317.09	479.79	2800.00	4490.00
	F.L~종보	5	2872.00	469.86	2440.00	3510.00
	F.L~들보	11	2420.36	258.78	1955.00	2895.00
1900년대	F.L~종도리	21	3843.57	495.80	2980.00	4610.00
	F.L~종보	13	3280.85	358.27	2380.00	3725.00
	F.L~들보	21	2670.76	250.61	2235.00	3060.00

건립연대에 따른 평균비교 결과 가구형식이나 평면형식에 비해 많은 요소에서 유의성을 나타내고 있다. 고주(P-value=0.0034<0.05)와 평주(P-value=0.0139<0.05)의 높이, 특히 1800년대와 1900년대에 건립된 가옥들 사이에 유의한 차이가 있다. 또한 고주(P-value= 0.0139<0.05)의 단면적 차에 유의성이 있고 1700년대와 1900년대 사이에 기둥의 높이와 단면적의 반비례관계를 잘 보여 주고 있다. 보의 경우 들보(P-value=0.0494<0.05)의 단면적 평균 차에 대해 유의성을 보이고 있다. 천장고는 F.L~종도리(P-value=0.0098<0.05)와 F.L~들보(P-value=0.0402<0.05)까지의 높이 차에 유의성이 나타났다.

평균비교 결과 유의한 값만을 선택하여 다음과 같은 분석결과를 도출할 수 있다.

첫째, 기둥 높이는 1900년대에 건립된 '非一자형' 가옥이 가장 높고,

1800년대에 건립된 1고주형식의 '一자형' 가옥이 가장 낮다.

둘째, 기둥 단면적은 1900년대에 건립된 2고주형식의 '一자형' 가옥이 가장 낮으며 1700년대에 건립된 '非一자형' 가옥이 가장 높다.

셋째, 보의 단면적은 1900년대에 건립된 '一자형' 가옥이 가장 높고, 1800년대의 '非一자형' 가옥이 가장 낮다.

넷째, 천장고의 높이는 1900년대에 건립된 2고주형식의 '一자형' 가옥이 가장 높고, 1800년대 건립된 1고주형식의 '非一자형' 가옥이 가장 낮다.

2) χ^2 — 검정

(1) 가구형식과 평면형식

χ^2 — 검정 결과 P−value=1.80E−03<0.05으로 매우 유의한 결과가 나타났다. 가구형식과 평면형식의 관계를 살펴보면 37가옥 중 2고주형식이면서 '一자형' 평면형식을 한 가옥이 24가옥(64.86%)으로 가장 많은 비율을 차지하였으며, 1고주형식과 무고주형식에서는 '非一자형' 평면형식의 가옥이 더 많은 것으로 나타났다.

(2) 가구형식과 건립연대, 평면형식과 건립연대

가구형식과 건립연대(P−value=0.139>0.05), 평면형식과 건립연대(P−value=0.158>0.05)의 상호관련성은 유의한 결과를 찾아볼 수 없다.

3) 상관분석

(1) 기둥 높이에 대한 측면간격과 부재 단면적의 상관관계

① 가구형식에 따른 기둥 높이와 측면간격

1고주형식의 경우 기둥 높이는 전퇴의 측면간격과 강한 음의 상관관계를 보이고, 후퇴의 측면간격과는 양의 상관관계를 가지고 있지만 고주 보다는 평주와 좀 더 강한 양의 상관관계를 나타내고 있다. 2고주형식의 경우 평주 높이와 측면간격과는 상관관계가 거의 없으나 고주 높이는 측면간격과 양의 상관관계를 보인다. 그리고 고주~고주의 측면간격 보다는 전퇴, 후퇴의 측면간격과 좀 더 강한 상관관계를 가지고 있음을 알 수 있다.

〈표 4-22〉 가구형식에 따른 기둥 높이와 측면간격의 상관관계

높이＼측면간격	1고주형식			2고주형식		
	전퇴	고주~고주	후퇴	전퇴	고주~고주	후퇴
고 주	−0.8989	−	0.3275	0.5339	0.2946	0.5974
평 주	−0.8102	−	0.6403	0.0715	0.0116	0.2787

② 가구형식에 따른 기둥 높이와 기둥 단면적

1고주형식의 경우 평주 높이와 고주 단면적, 고주 높이와 평주 단면적 사이의 양의 상관관계가 강하게 나타났다. 2고주형식의 경우는 기둥 높이와 고주 단면적의 상관관계는 낮게 나타났지만, 기둥 높이와 평주 단면적과의 상관관계는 비교적 더 높게 나타났음을 알 수 있다.

〈표 4-23〉 가구형식에 따른 기둥의 높이와 단면적의 상관관계

높이＼단면적	1고주형식		2고주형식		무고주형식	
	고 주	평 주	고 주	평 주	고 주	평 주
고 주	0.1592	0.7730	0.1283	0.4996	−	−0.1142
평 주	0.7023	0.4408	0.0728	0.4199	−	−0.1142

③ 가구형식에 따른 기둥 높이와 보 단면적

1고주형식의 경우 고주 높이와 보 단면적 사이에는 들보만 약한 양의 상관관계를 가질 뿐 종보와 퇴보는 거의 상관관계가 없다. 평주 높이와 보 단면적 사이에는 강한 양의 상관관계를 나타낸다.

2고주형식의 경우 1고주형식과는 달리 고주 높이와 보 단면적 사이의 상관관계가 평주 높이와 보 단면적 사이보다 더 높게 나타났다.

무고주형식의 경우 평주 높이와 퇴보 사이에는 약한 음의 상관관계, 종보와는 강한 양의 상관관계, 들보와는 강한 음의 상관관계를 나타내고 있다(<표 4-24>).

<표 4-24> 가구형식에 따른 기둥 높이와 보 단면적의 상관관계

가구 형식	단면적	전체(37가옥)		종보有 (20가옥)		종보 無 (17가옥)	
		고 주	평 주	고 주	평 주	고 주	평 주
1고주	종 보	0.003	0.811	0.003	0.811	−	−
	들 보	0.400	0.969	0.400	0.969	−	−
	퇴 보	0.026	0.580	0.026	0.580	−	−
2고주	종 보	0.571	0.022	0.571	0.022	−	−
	들 보	0.616	0.303	0.506	−0.288	0.666	0.667
	퇴 보	0.602	0.401	0.487	−0.177	0.691	0.758
무고주	종 보	−	0.838	−	0.838	−	−
	들 보	−	−0.999	−	−0.998	−	−
	퇴 보	−	−0.280	−	−0.679	−	−

(2) 천장고에 대한 측면간격과 부재 단면적의 상관관계

① 가구형식에 따른 천장고와 측면간격의 상관관계

1고주형식일 경우 천장고와 전퇴의 측면간격과는 강한 음의 상관관계가 나타났고 후퇴의 측면간격과는 강한 양의 상관관계가 나타났다. 2고주형식일 경우 천장고는 측면간격과 모두 양의 상관관계를 나타냈고, F.L~종도리의 높이는 측면간격과 가장 높은 상관관계를 나타냈다.

<표 4-25> 가구형식에 따른 천장고와 측면간격의 상관관계

천장고 / 측면 간격	1고주형식(F.L~)			2고주형식(F.L~)			무고주형식(F.L~)		
	종도리	종 보	들 보	종도리	종 보	들 보	종도리	종 보	들 보
전퇴	−0.661	−0.417	−0.905	0.540	0.085	0.286	−0.927	−1.000	−0.291
고주~고주	−	−	−	0.518	0.435	0.424	0.342	−0.348	0.856
후퇴	0.988	0.947	0.862	0.538	0.362	0.148	−1.000	−1.000	−1.000

② 가구형식에 따른 천장고와 부재 단면적의 관계

1고주형식의 경우 천장고는 보 단면적에 강한 양의 상관관계를 나타냈고, 기둥 단면적에도 대부분 양의 상관관계를 나타냈으나, F.L~종보의 경우 고주 단면적과 음의 상관관계를 나타냈다.

2고주형식의 경우 F.L~종보의 높이만이 퇴보 단면적에 음의 상관관계를 나타냈고, F.L~종도리와 F.L~들보의 높이는 보와 기둥의 단면적에 양의 상관관계를 보이고 있다.

무고주형식은 천장고와 보 단면적 사이에는 음과 양의 상관관계를 모두 나타냈고, 퇴보와 평주의 단면적과 천장고의 높이는 음의 상관관계를 나타냈다.

〈표 4-26〉 가구형식에 따른 천장고와 부재 단면적의 상관관계

천장고 / 단면적	1고주형식(F.L~)			2고주형식(F.L~)			무고주형식(F.L~)		
	종도리	종 보	들 보	종도리	종 보	들 보	종도리	종 보	들 보
종 보	0.727	0.519	0.599	0.014	0.232	0.103	0.424	0.984	−0.049
들 보	0.851	0.531	0.848	0.555	0.222	0.262	0.791	−0.686	0.493
퇴 보	0.908	0.816	0.691	0.248	−0.104	0.129	−0.058	−0.998	−0.196
고 주	0.196	−0.252	0.26	0.027	0.452	0.258	−	−	−
평 주	0.684	0.608	0.823	0.512	0.265	0.249	−0.501	−0.65	−0.533

(3) 가구형식에 따른 측면간격과 단면적의 관계

① 측면간격과 기둥 단면적 사이의 상관관계

1고주형식의 전퇴 측면간격은 기둥 단면적에 음의 값을, 후퇴 측면간격은 양의 상관관계를 나타냈다. 즉, 1고주형식의 경우 전퇴의 측면간격이 넓어질수록 기둥의 두께가 줄어들었고, 후퇴의 측면간격이 넓어질수록 기둥의 두께도 두꺼워졌다.

2고주형식의 전퇴 측면간격은 고주 단면적에 음의 상관관계를 보이고 나머지 경우는 모두 고주와 평주의 단면적에 양의 상관관계를 나타냈다. 즉, 2고주형식일 때 전퇴의 측면간격이 넓어질수록 고주의 두께는

감소하고, 평주의 두께는 증가하였다. 고주~고주, 후퇴의 측면간격은 고주와 평주의 단면적에 모두 비례함을 나타냈다.

② 측면간격과 보 단면적 사이의 상관관계

1고주형식의 전퇴 측면간격은 보 단면적에 모두 음의 상관관계를 나타냈고, 후퇴의 측면간격은 보 단면적에 대해 모두 양의 상관관계를 나타냈다.

2고주형식은 측면간격이 넓어질수록 보 단면적이 증가하는 양의 상관관계를 나타냈다.[12]

〈표 4-27〉 가구형식에 따른 측면간격6)과 단면적의 상관관계

측면 변수	1고주형식			2고주형식			무고주형식		
	D1	D2	D3	D1	D2	D3	D1	D2	D3
고주 단면적	−0.351	−	0.064	−0.098	0.150	0.141	−	−	−
평주 단면적	−0.748	−	0.634	0.147	0.210	0.377	0.989	0.576	−1.00
종보 단면적	−0.439	−	0.710	0.338	0.045	0.501	−1.000	−0.509	1.00
들보 단면적	−0.741	−	0.774	0.541	0.247	0.488	−0.912	0.825	−1.00
퇴보 단면적	−0.344	−	0.908	0.364	−0.146	0.470	0.502	0.229	−1.00

(4) 기단부에 대한 측면간격과 부재 단면적의 상관관계

① 가구형식에 따른 기단부 높이와 측면간격 사이의 상관관계를 살펴보면 1고주형식일 경우 기단부 높이는 전퇴의 측면간격에 음의 상관관계를 나타냈고, 후퇴의 측면간격과의 관계를 살펴보면 G.L~기단의 높이는 강한 양의 상관관계, 기단~초석의 높이는 음의 상관관계, 기단~툇마루의 높이는 약한 양의 상관관계를 나타냈다.

2고주형식일 경우 기단부 높이는 전퇴의 측면간격에 약한 음의 상관관계, 고주~고주의 측면간격에는 G.L~기단의 높이만 양의 상관관계를

---

12) 「표 4-27」에서는 측면간격 ; 평주~고주(전퇴), 고주~고주, 고주~평주(후퇴)를 각각 D1, D2, D3로 간략하게 기재함.

보이고 기단~초석, 기단~툇마루 높이는 약한 음의 상관관계를 보였다. 후퇴의 측면간격에는 기단부 높이가 모두 양의 상관관계를 보였다.[13]

<표 4-28> 가구형식에 따른 기단부7) 높이와 측면간격, 단면적의 상관관계

기단부 변수	1고주형식			2고주형식			무고주형식		
	G1	G2	G3	G1	G2	G3	G1	G2	G3
전퇴	−0.312	−0.160	−0.171	−0.269	−0.044	−0.137	−0.981	0.151	−0.992
고주~고주	−	−	−	0.165	−0.059	−0.015	0.057	−0.730	0.585
후퇴	0.956	−0.517	0.067	0.380	0.164	0.040	1.000	1.000	1.000
고주 단면적	−0.289	0.574	0.879	−0.01	0.172	0.461	−	−	−
평주 단면적	0.518	−0.428	−0.283	0.355	0.406	0.410	−0.765	−0.520	−0.312
종보 단면적	0.525	0.110	0.665	0.113	−0.357	0.229	0.999	0.989	0.572
들보 단면적	0.482	0.079	0.609	0.147	−0.077	0.061	0.381	−0.803	0.881
퇴보 단면적	0.817	−0.538	0.230	−0.148	0.024	0.233	−0.678	−0.780	−0.155

② 기단부 높이와 기둥 단면적 사이의 상관관계를 살펴보면 1고주형식의 G.L~기단 높이는 고주 단면적에 음의 상관관계를 보였고, 평주 단면적에는 양의 상관관계를 보였다. 기단~초석, 기단~툇마루 높이는 고주 단면적과는 양의 상관관계, 평주 단면적과는 음의 상관관계를 나타냈다.

2고주형식의 경우 G.L~기단의 높이만이 고주 단면적에 음의 값을 나타냈고, 기단~초석, 기단~툇마루의 높이는 기둥 단면적에 양의 상관관계를 나타냈다.

무고주형식의 경우 기단부 높이는 기둥 단면적에 모두 음의 값을 나타냈다.

③ 기단부 높이와 보 단면적 사이의 상관관계를 살펴보면 1고주형식은 기단~초석의 높이만이 퇴보의 단면적에 음의 값을 나타내고, G.L~기단, 기단~툇마루 높이는 보의 단면적 사이에 양의 상관관계를 나타냈다.

---

13) <표 4-28>에서는 기단부의 높이 ; G.L~기단, 기단~초석, 기단~툇마루의 높이를 각각 G1, G2, G3로 간략하게 기재함.

2고주형식의 G.L~기단의 높이는 퇴보 단면적에 음의 값을 나타냈고, 종보와 들보의 단면적에는 양의 값을 나타냈다. 기단~툇마루의 높이는 보의 단면적에 양의 값을 나타냈다.

무고주형식인 경우 G.L~기단, 기단~초석, 기단~툇마루 높이 모두 종보와 들보의 단면적에는 양의 상관관계, 퇴보 단면적에는 음의 상관관계를 보이고 있다.

4) 회귀분석

평면 요소인 측면간격과 입면 요소인 기둥 높이, 천장고 그리고 부재의 단면적, 기단부 높이 사이에 서로 어떤 변수가 어느 정도의 영향을 주는가에 대한 회귀분석을 실시하였다.

(1) 입면(높이)에 영향을 미치는 요소

① 기둥 높이에 영향을 미치는 요인

대상가옥의 고주 높이를 형성하는데 가장 많은 영향을 끼치는 요인은 측면간격으로 나타났다. 측면간격 중 기둥 높이에 가장 많은 영향을 미치는 요인은 전퇴의 측면간격으로 나타났고, 그 영향의 정도는 41.88%이다.

다음으로는 후퇴의 측면간격이며 두 요인이 고주 높이를 설명하는 비율은 73.05% 정도이다. 평주 높이에 대해 영향을 미치는 측면의 요인은 나타나지 않았다.

② 천장고에 영향을 미치는 요인

F.L~종도리의 높이 또한 측면간격이 가장 많은 영향을 미쳤고 이 중 고주~고주의 측면간격이 25.68%정도의 가장 높은 비율을 나타냈다.

F.L~종보는 고주~고주의 측면간격이 19.48%, F.L~들보의 높이에 대해서는 43.76%로 가장 많은 영향을 끼치는 것으로 나타났다. 특히 이는 들보를 직접 받치고 있는 고주의 간격이 들보 높이에 직접적인 영향

을 끼친다고 할 수 있다.

③ 기단부 높이에 영향을 미치는 요인

기단부 높이는 G.L~기단, 기단~초석, 기단~툇마루의 높이로 분류하여 측면간격과 부재의 단면적 등이 기단부 높이의 형성에 미치는 영향을 분석하였다.

G.L~기단의 높이는 전퇴의 측면간격이 47.05%의 변동비율을 나타냈고, 다음으로 영향을 미치는 요인은 평주 단면적으로 이 두 요인이 G.L~기단까지의 높이에 미치는 변동비율은 62.26%로 나타났다.

그러나 기단~초석의 높이는 다른 요인에 의해 영향을 받지 않는 것으로 나타났고 기단~툇마루의 높이에 가장 많은 영향을 미치는 요인은 고주 단면적으로 나타났다. 고주 단면적이 기단~툇마루의 높이에 변동을 줄 수 있는 정도는 21.70%로 나타났으며 나머지는 다른 요인들에 의해 복합적으로 영향을 끼침을 알 수 있다.

(2) 평면(측면간격)에 영향을 미치는 요소

① 평주~고주(전퇴)의 측면간격에 영향을 미치는 요인

대상가옥의 전퇴의 측면간격을 형성하는데 많은 영향을 끼치는 요인은 F.L~종도리 높이와 평주 높이로 나타났다. F.L~종도리 높이와 평주 높이는 전퇴의 측면간격에 각각 41.06%와 11.82%의 변동비율을 나타내고 있다.

② 고주~고주의 측면간격에 영향을 미치는 요인

고주~고주의 측면간격에 영향을 끼치는 요인은 F.L~들보의 높이가 36.59%로 가장 많은 영향력을 미치는 것으로 나타났고 나머지 변동비율은 다른 요인에 의해 영향을 받는 것으로 나타났다.

③ 고주~평주(후퇴)의 측면간격에 영향을 미치는 요인

대상가옥의 후퇴의 측면간격을 형성하는데 영향을 미치는 요인은 G.L~기단 높이(28.71%), F.L~종보 높이(13.05%), 퇴보 단면적(11.46%), F.

L~들보 높이(8.49%) 등으로 나타났으며 이 요인들이 후퇴 측면간격에 영향을 미치는 변동비율은 모두 61.71%로 나타났다.

(3) 부재(기둥, 보) 단면적에 영향을 미치는 요소

① 기둥의 단면적에 영향을 미치는 요인

고주 단면적 형성에 영향을 미치는 요인은 기단~툇마루 높이(28.63%)가 가장 많은 영향을 미치는 것으로 나타났고, 다음으로 영향을 미치는 요인은 후퇴의 측면간격(22.98%), F.L~들보(13.54%), F.L~종도리(12.94%)의 높이, 고주 높이(12.80%), 평주 높이(5.37%)의 순으로 영향을 미치는 것으로 나타났다. 이 요인들의 변동비율의 합은 96.28%로 고주 단면적에 절대적인 영향력을 미치는 것으로 나타났다.

평주 단면적 형성에 가장 많은 영향을 미치는 요인은 기단~툇마루 높이(34.46%)로 나타났고 다음으로는 고주~평주(후퇴)의 측면간격이 평주 단면적 형성에 많은 영향을 미치는 것으로 나타났다. 두 요인이 평주 단면적에 영향을 미치는 비율은 57.99%임을 알 수가 있었다.

② 보의 단면적에 영향을 미치는 요인

보에 미치는 영향에 대한 분석을 위해 종보와 들보, 퇴보의 단면적에 관해 분석을 시도했다. 분석에 대한 결과를 살펴볼 때 종보 단면적은 고주의 높이에 의해 가장 많은 영향을 받는 것으로 나타났다. 고주 높이는 종보 단면적에 26.20% 정도의 변동비율을 나타냈다.

들보 단면적의 형성에 가장 많은 영향을 미치는 요인은 전퇴의 측면간격으로 21.71%의 영향을 주었다. 또한 퇴보 단면적 형성에 가장 많은 영향력을 보이는 요인은 후퇴의 측면간격으로 36.91%의 변동비율을 차지하고 있다. 다음으로는 F.L~종도리 높이(24.96%)와 전퇴의 측면간격(15.54%)으로 이 요인들은 퇴보 단면적 형성에 77.41%의 영향을 주는 것으로 나타났다.

5. 소 결

가구형식, 평면형식, 건립연대를 중심으로 전남지방 중상류주택의 안채에 대한 유형분류와 내재된 가구구성요소의 특성을 살펴보기 위해 평균비교분석, χ^2 – 검정, 상관분석, 회귀분석을 시도하였다.

그 결과 대상가옥은 가구형식과 평면형식 그리고 건립연대별로 세심한 차이에서부터 상호요인들이 가옥의 형성과 건축적 특성에 다양한 영향을 주는 관계를 발견하였다.

조선후기 전남지방 중상류주택 안채의 가구구성요소의 상관성분석에 대한 결과는 다음과 같다.

첫째, 19C 이후 지방부농의 출현 등 사회적 현상으로 1900년대 초반의 가옥의 건립이 증가되었고 경제적 바탕 위에 많은 칸수와 전후좌우퇴를 갖춘 전시기보다 큰 규모로 특히 '一자형' 가옥이 건립이 두드러졌다.

또한 1900년대 초반에 대도시를 비롯한 지방도시에 제재소와 목재상이 발생하면서 당시에 건립된 가옥들은 가공된 부재를 사용함에 따라 전시기에 비해 수직높이가 높아지고 부재 단면적이 감소하였음을 유추할 수 있다.

둘째, 건립연대가 최근의 가옥인 경우 '一자형' 평면이면서 2고주형식의 가옥이 많이 나타났으며, 건립연대가 오래된 가옥일수록 '非一자형' 평면과 1고주형식의 가옥이 많이 나타난 것으로 분석되었다. 또한 1고주형식의 경우 모두 '非一자형' 평면형식을 나타내고 있다.

따라서 '非一자형' 가옥의 경우 '一자형' 가옥보다 비교적 간(측면간격) 사이가 짧아 구조적인 측면에서 훨씬 구속받지 않을뿐 아니라 내부공간의 확보를 위해 주로 1고주를 사용하는 것으로 고려되고 '一자형' 평면의 경우 구조적인 측면을 고려해 주로 2고주를 사용한 것으로 유추할 수 있다.

셋째, 가구구성요소의 상관성분석에 대한 내용을 가구형식별로 분류하면 다음과 같은 결론을 도출할 수 있다.

(1) 1고주 가구형식

① 전면에 고주가 위치하는 경우 고주와 평주의 높이 차로 인한 측면과 수직 높이의 균형을 유지하기 위해 전퇴의 측면간격이 짧아지는 반면, 후퇴는 최대한 내부공간을 확보하고 수직 높이와의 비례균형을 위해 후퇴간격이 넓어짐을 알 수 있다.

② 고주가 높아질수록 고주 단면적이 증가하는 정도보다는 평주 단면적이 더 증가함을 알 수 있다. 또한 평주가 높아질수록 평주 단면적 보다는 고주 단면적이 더 증가하였다.

③ 부재의 크기나 형태는 고주보다는 평주에 의해 많은 영향을 미친다.

(2) 2고주 가구형식

① 고주가 높아질수록 고주간의 측면간격 보다는 전퇴, 후퇴의 측면간격이 더 넓어짐을 알 수 있다.

② 1고주형식과는 달리 평주보다는 고주에 의해 다른 부재의 크기가 결정된다.

③ 천장고는 측면간격과 모두 양의 상관관계를 나타냈고, F.L~종도리의 높이는 측면간격과 가장 높은 상관관계를 나타냈다. 보 단면적과의 관계는 F.L~종보의 높이만이 퇴보 단면적에 음의 상관관계를 나타낸 것을 제외하면, 천장고가 높을수록 보와 기둥의 단면적이 증가함을 알 수 있다.

④ 전퇴의 측면간격이 넓어질수록 고주 두께는 감소하고, 평주의 두께는 증가하였다. 고주~고주와 후퇴의 측면간격이 넓어질수록 고주와 평주의 단면적이 모두 증가함을 알 수 있고, 보 단면적 또한 모두 증가하는 양의 상관관계를 나타냈다.

(3) 무고주 가구형식

① 기둥 높이가 증가할수록 기둥 단면적이 감소하는 음의 상관관계를 나타내고 있고 가구형식 중 부재의 두께가 가장 높았다.

② 기둥 높이는 종보의 단면적이 증가할수록 높아지고 들보와 퇴보의 단면적이 증가할수록 기둥의 높이는 낮아진다.

③ 천장고와 보 단면적 사이에는 음과 양의 상관관계를 모두 나타냈고, 평주의 단면적이 감소할수록 천장고의 높이가 감소하는 음의 상관관계를 나타냈다.

V. 전남지방 전통주거건축 벽면의 조형원리[14)

1. 서

아름다운 형태를 만들기 위한 조형원리에 대한 관심은 전통건축에서도 선학들의 많은 연구에서 나타나고 있다. 건축물의 조형원리 중 하나인 비례원리는 현존하고 있는 건축물의 실증적 자료를 기반으로 하여 각 시기별 건축형식의 유형화를 통해 그 안에 담겨있는 공간을 깊이 있게 연구하고 이해하는데 기초적 자료가 되기도 한다.

우리나라 전통 목조 건축에는 공간적, 환경적 필요에 따라 합리적으로 대응한 여러 종류의 창호가 시설되어있다. 이 창호들은 柱間의 일부 또는 전체를 차지하면서 그 건물의 내·외부 공간의 영역을 구분 짓는 구체적 시설물이기도 하며, 거주하는 사람의 성격이나 사유체계의 상징성을 갖기도 한다. 또한 창호는 건물외관의 의장적 특성을 강하게 표출

---

14) 김선영, 전남지방 전통주거건축 벽면의 비례특성에 관한연구, 전남대학교 산업대학원 석사 학위 논문, 2003.2.

하는 구성요소이기도 하다. 지금까지 건물 구성요소로서 창호에 대한 선행 연구는 많으나 전통 건축의 입면과 창호와의 상호관계에 대해서는 미흡한 편이다. 그나마 창호에 관한 체계적인 연구는 궁궐건축이나 서원, 사찰건축과 같이 비교적 규모가 큰 건축물에 치중되어 있으나 주거건축에서는 연구 사례가 비교적 적다고 할 수 있다.

〈표 4-29〉 조사대상 가옥

가옥명	건립연대	평면유형	구조형식
무안 박봉기가옥	1920년대	一자형	2고주 5량
해남 윤두서가옥	1811(대중수)	ㄷ자형	2고주 반5량
해남 민정기가옥	1845(대중수)	一자형	2고주 5량
해남 윤 탁 가옥	1906년	ㄱ자형	1고주 5량
나주 홍기종가옥	1929년	一자형	2고주 5량
보성 이종선가옥	1908년	一자형	2고주 5량
보성 임진영가옥	1900년대 초반	一자형	무고주 5량
보성 이범재가옥	1887년	ㄱ자형	1고주 5량
승주 조순탁가옥	1934년	一자형	2고주 7량
화순 양동호가옥	1750년대	ㄷ자형	무고주 3량
장흥 위계환가옥	1937년	一자형	1고주 7량
장흥 고영완가옥	1852년	一자형	2고주 반7량
장흥 위성룡가옥	1946년	一자형	2고주 7량
장흥 위성탁가옥	1910년	一자형	2고주 5량
나주 박경중가옥	1934년	一자	2고주 5량
나주 최석기가옥	−	一자	−
구례 운조루	1776년	ㄷ자	2고주 5량
담양 유종헌가옥	1919년	一자	2고주 반7량
담양 김선기가옥	1825(대중수)	ㄷ자	1고주 5량
나주 김효병가옥	1924년	H자	2고주 5량

전통주거건축의 벽체는 기하학적 면분할이 아름다운 비례를 구성하고 있다. 면분할에 의해 비례의 미를 표현하는 것은 쉽게 드러나지 않는 차원 높은 조형성의 한 면을 보여준다. 이러한 전통건축에서의 비례체계는 시각적 측면에서 강조된 비례체계를 갖고 있는 서양건축과는 또 다른 요인, 즉 심리적 혹은 형이상학적 비례체계를 설정하고 있다고 보여 진다.

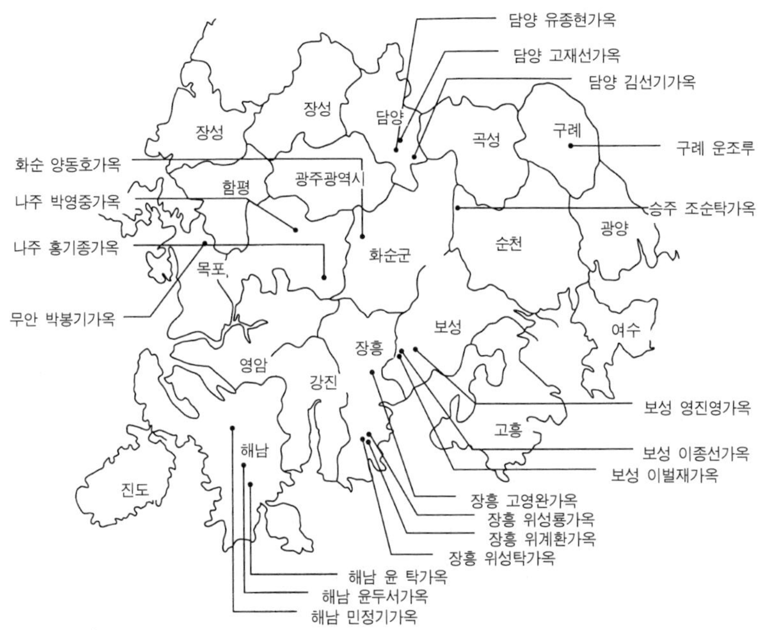

〈그림 4-14〉 조사대상 가옥의 위치

  따라서 주거건축에서 그 구성요소인 벽체와 창호를 주요 분석 대상으로 선택하여 한국 전통주거건축 벽면구성의 공통적 특성을 살펴봄으로써, 이를 통해 벽면에 내재되어 있는 조형원리를 밝혀보고자 한다.

  대상으로는 비교적 보존상태가 양호하고 문화재로 지정된 전남지방의 조선시대 중·상류주거의 안채를 선택하였으며, 주거 공간 중에서 인간의 생활을 가장 많이 담고 있다고 파악되는 침실 공간과 대청, 그리고 부엌의 외부와 면해 있는 벽면을 분석 범위로 한정하였다. 조사가옥 대상과 지리적 위치는 위의 그림과 같다.

2. 전통건축 입면의 의장적 특성

전통건축의 벽체부분은 일반적으로 지붕의 처마선 아래에서 기단의 상부까지를 포함하는 부분으로서 크게 기둥, 벽체, 창호로 구성되어 있다.

전통주거건축의 벽체는 주로 면적인 요소로 구성되어 있다. 일부 대청공간의 벽체에서는 수직의 기둥과 수평의 도리에 의한 선적인 구성만이 나타나기도 하지만 대부분 칸 전체에 창호가 설치되어 면적인 구성이 나타난다. 또한 안방 등 그 외 다른 공간들의 벽체에서는 기둥과 도리에 의한 선적인 요소를 기본으로 하여 그 사이에 창호와 벽체가 설치되어 주로 면적인 구성이 나타나게 된다.

면의 형태는 다양하지만 전통주거건축의 벽체에서는 구조재와 수장재 등의 직선재에 의해 분할되고 있어 대부분 사각형 형태의 면으로 나타나고 있다. 더욱이 하나의 면에 수직적인 요소와 수평적인 요소로의 분할이 동시에 존재하고 있어서 서로 다른 형태의 사각형이 비대칭적 구성을 이루고 있다. 또한 전통주거건축의 벽체는 외부로 노출되는 구조재와 수장재로 분할된 면들 사이에 회벽이나 창호가 설치됨으로써 서로 다른 재료의 대비에 의한 면의 분할이 동시에 이루어져 시각적으로 더 강조된다. 이를 의장적 측면에서 본다면 건축물의 정면이 대부분 창호로 구성된다는 사실로 보아 건축물의 전면부의 시각적 효과를 중요시 하였다는 것을 알 수 있다.

3. 접근 방법

전통주거건축 벽면의 조형원리를 고찰하기 위하여 다음과 같이 두 가지 방법으로 나누어 분석하였다.

첫째, 벽체를 구성하는 요소들이 이루고 있는 의장적 특성을 살펴보기 위하여 먼저, 시각적 특성에 영향을 끼치고 있는 수장재<표 2참조>와 문15)에 의한 벽면16) 유형분석을 일차적으로 실시하였다. 이를 통해 전통주거건축의 벽면이 각 室에 따른 특성을 통해 어떠한 조형원리를 내포하고 있는지 분석하고자 하였다.

<표 4-30> 수장재 유형

인방형	설주형	띠방형	머름대형

둘째, 전통주거건축 벽면의 비례특성을 살펴보기 위해서 삼차원적인 볼륨에 의해 지각되는 부분은 배제하고 수장재와 구조재에 의해 이루어지고 있는 벽면을 일차원적 분석과 이차원적 분석으로 나누어 비례관계를 분석하였다. 일차원적 분석에서는 구성요소들이 수직, 수평적으로 어떠한 비례관계를 가지는지에 대한 선적인 분석이 이루어졌으며, 이차원적 분석에서는 벽면과 창호가 이루는 면적인 부분들의 비례관계를 살펴보았다.

비례체계의 분석을 위하여 <그림 4-15>와 같은 실측기준으로 각 가옥별로 조사한 일차적 데이터를 정리하였으며, 이를 다음 <표 4-31>에서 제시한 분석요소로 나누어 각 요소별 비례관계를 분석하였다.

---

15) 문의 개폐방법에 따라 두여닫이문, 외여닫이문, 분합문, 미서기문, 살창, 미서기창, 두여닫이창, 두여닫이창, 혼합으로 나누어 유형분류를 하였다. 혼합은 한 실의 벽면에 다른 종류의 창호가 배치되어 있는 경우를 본 논문에서는 혼합이라 칭하였다.

16) 본 연구에서는 기단에서 도리까지의 높이를 시각적으로 인식할 수 있는 건물의 벽면으로 제한하여 조사 분석하였다.

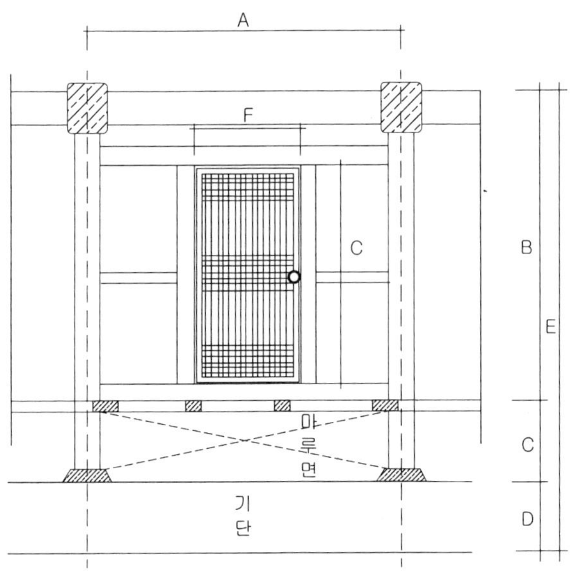

A :칸의 나비, B :벽체높이, C :퇴높이, D :기단, E :GL~평주까지의 높이, F :문의 너비, G :문의 높이

〈그림 4-15〉 실측기준

〈표 4-31〉 분석요소

일차원적 분석(선적분석)		이차원적 분석(면적분석)
수평적 분석	수직적 분석	
칸의너비:창호너비	• 벽체높이:창호높이 • 벽체높이:툇마루높이	• 칸너비:벽체높이 • 창호너비:창호높이 • 벽면적:창호면적

4. 전통가옥 벽면의 조형원리의 특성

1) 벽면 구성요소에 따른 조형원리

(1) 벽면의 수장재에 따른 조형원리

조사대상 20채 가옥 중에서 안방의 정면은 띠방형 80%, 설주형 20%, 인방형과 혼합형[17)]은 각각 0%로 조사되었으며, 배면은 띠방형 55%, 설

주형 35%, 인방형은 0%로 나타났다. 이처럼 안방은 정면과 배면 모두 띠방형이 많이 나타나고 있는 것으로 조사되었다.

대청의 정면은 띠방형과 설주형이 각각 48%, 47%로 비슷하게 나타났으며, 인방형은 0%, 혼합형은 5%로 나타났다. 배면에서는 띠방형 55%, 설주형 35%, 인방형과 혼합형은 0%로 나타났다. 한편 부엌의 경우 정면에는 띠방형 35%, 설주형 55% 로 다른 실과는 달리 설주형이 더 많이 보이고 있으며, 혼합형이 10%로 나타났다. 배면은 설주형 50%, 띠방형 20%, 혼합형이 10%로 나타났다.

<표 4-32> 수장재 유형 분석

	안 방	대 청	부 엌
정면	띠방형	띠방형(분합문의 경우 제외)	설주형
배면	띠방형	띠방형	설주형

이와 같은 사항을 종합한 결과는 <표 4-32>와 같다. 대청과 안방의 정면과 배면은 대청이 분합문을 시설했을 때를 제외하면 띠방형이 가장 많이 나타나고 있다. 반면 부엌은 정면과 배면 모두 띠방형 보다 설주형이 더 많이 나타나고 있다. 이것은 작업공간의 기능성을 요구하는 부엌 공간의 특성으로 인해 의장적 요소를 배려하지 않은 결과로 보여 진다.

(2) 창호의 종류에 따른 조형원리

안방의 정면은 조사가옥 모두 두여닫이문[18]의 개폐방법을 사용하고 있으며 배면은 두여닫이문 41%, 외여닫이문 29%, 두여닫이창 18%, 창과 두여닫이, 외여닫이와 두여닫이문의 혼합이 12%로 다양하게 나타나고 있다.

---

17) 본 절에서는 한 실에 문이 여러개가 있을 때, 그 벽면의 유형이 설주형과 쌍띠방형, 인방형이 서로 혼합되어 나타난 경우를 혼합형이라 칭하고자 한다.
18) 쌍여닫이문이라고도 한다.

한편 대청의 정면은 들어열개의 분합문이 53%, 두 여닫이문 43%, 외여닫이와 두여닫이의 혼합이 5%로 나타났으며 배면은 두여닫이문 94%, 혼합이 5%로 나타났다. 대청의 경우 가옥의 전면부에서만 들어열개문이 나타나고 있는데, 이것은 개방성과 폐쇄성을 동시에 가능하게 해주는 들어열개문을 통해 공간을 적극적으로 사용하고자한 의도로 나타나는 일반적 현상이다.

부엌의 정면은 두여닫이문 85%, 미서기문, 미서기창, 살창이 각각 8%로 조사되었으며, 배면은 두여닫이문 45%, 외여닫이문 31%, 미서기창과 미서기문이 각각 8%, 혼합이 8%로 다양한 개폐방법이 나타나고 있다. 이와 같은 사항을 종합한 결과는 <표 4-33>와 같다.

<표 4-33> 실별 창호 유형 분석

		안 방	대 청	부 엌
정면	개폐방법	두여닫이문	두여닫이문+분합문	두여닫이문+창
	창호유무	문만 사용됨	문만 사용됨	문과 창이 혼용
배면	개폐방법	다양한 개폐방법	두여닫이문	다양한 개폐방법
	창호유무	문과 창이 혼용	문만 사용됨	문과 창이 혼용

가옥의 정면에는 대청 분합문의 경우를 제외하고는 모두 두여닫이문을 사용하고 있으며, 부엌의 살창을 제외하면 가옥의 정면에서는 창은 시설되지 않는 것으로 조사되었다. 반면 가옥의 배면의 경우 안방과 부엌에서는 문과 창이 조금씩 혼용되어 사용되고 있으며, 개폐방법 또한 다양하게 나타나는 반면, 대청의 경우는 대부분 두여닫이문으로 조사되었다. 대청은 수납과 다양한 가사행위, 휴식등이 이루어지는 다목적적 공간이라는 특성 때문에 전면부의 벽면전체를 차지하는 분합문과 더불어 후면에도 넓은 출입문이 요구되는 공간이다. 이처럼 대청 배면에 창의 시설보다는 두여닫이문의 사용으로 문의 폭이 여유 있게 된 것은 실의 기능을 배려한 의도가 건축적 결과로 나타난 것이라고 생각되어 진다.

〈표 4-34〉 가옥별 조사표(단위:㎜)

	안 방						대 청				부 엌			
	칸폭	칸깊이	문수평	문수직	도리	뒷마루	칸폭	칸깊이	문수평	문수직	칸폭	칸깊이	문수평	문수직
무안 박봉기	2700	3240	1130	1520	2970	630	2420	4590	1130	1520	2420	6390	1130	1720
해남 윤두서	2760	3090	1140	1355	2730	580	2090	2760	1215	1700	2760	3090	1205	1580
해남 민정기	2160	2160	1100	1700	2600	645	2160	2160	1335	1860	2160	2160	810	1870
해남 윤탁	2550	2550	1135	1460	2940	720	2550	3000	2550	3000	2700	2580	1155	665
나주 홍기종	3020	2790	1150	1510	2760	550	2730	2790	2730	2790	2190	2790	1080	1465
보성 이종선	2700	2700	1220	1495	2970	670	2550	2550	2000	1370	2700	3900	940	1840
보성 임진영	2880	2730	1210	1670	2940	715	2730	2730	2360	1760	2860	2730	1130	1975
보성 이용욱	2650	2640	1180	1310	2770	760	2460	2640	1140	1620	2650	2640	950	1810
승주 조순탁	2430	2700	1010	1575	3100	700	2430	2700	2020	1575	1530	2730	1060	1480
화순 양동호	2450	1850	1100	1610	3290	640	2460	3054	1200	1600	3382	2880	1000	1070
장흥 위계환	2730	2980	1210	1590	3010	680	2430	2980	2115	1665	2730	2980	1060	1865
장흥 위성룡	3030	2730	1150	1665	2980	470	2430	2730	1100	1665	2730	2730	1080	1810
장흥 고영완	2730	2700	1100	1585	2870	640	2700	2700	2255	1780	2400	2070	1935	630
장흥 위성탁	2430	2760	1090	1625	3060	680	2400	2760	1090	1625	2700	2760	2500	840
나주 박경중	2420	2420	1100	1725	2610	490	2420	2420	1960	1710	2400	2420	1205	1775
나주 최석기	2390	2730	1090	1660	2900	610	2725	2730	1915	1660	2430	2730	1110	1660
구례 운조루	2400	2740	1070	1480	3100	620	2500	2740	×	×	3030	3120	850	1800
담양 유종헌	2430	2440	1080	1540	2820	710	2430	2440	1850	1665	2420	2440	805	1180
담양 김선기	2740	3650	1088	1530	2635	470	2750	3650	1082	1530	2750	3650	1010	1530
나주 김효병	2630	2640	1130	1230	2600	507	2350	1640	1915	1695	2630	2200	923	1610
평 균	2611.5	2712	1124.15	1541.75	2882.75	624.35	2485.75	2788.2	1615.67	1630	2578.6	2760	1146.9	1508.75

<표 4-35> 가옥별 벽의 수장 유형

가옥명		안 방	대 청	부 엌	안 방	대 청	부 엌
무안 박봉기	정면	쌍띠방형	쌍띠방형	쌍띠방형	두여닫이문	두여닫이문	두여닫이문 (골판문)
	배면	쌍띠방형	쌍띠방형	설주형	외여닫이문	두여닫이문	두짝여닫이문
해남 윤두서	정면	쌍띠방형	쌍띠방형	쌍띠방형	두여닫이문	두여닫이문+ 두여닫이문+ 두여닫이문	두여닫이문 (판장문)
	배면	쌍띠방형	쌍띠방형	쌍띠방형	창	두여닫이창+ 두여닫이문+ 두여닫이창	두여닫이문
해남 민정기	정면	쌍띠방형- 쌍띠형방	설주형 -쌍띠방	설주형	두여닫이문 +두여닫이문	두여닫이문+ 두여닫이문	두여닫이문 (판장문)
	배면	배면확인 불가	확인불가	미확인	창+ 두여닫이문	×	두여닫이문
해남 윤탁	정면	쌍띠방 -쌍띠방	설주형 (분합문)	설주형- 설주형(창)	두여닫이문	4짝분합문	두여닫이창+ 두여닫이창
	배면	설주형 -설주형	쌍띠방 -쌍띠방 -쌍띠방	설주형(창)- 쌍띠방(문)	두여닫이창	두여닫이문	두여닫이창+ 두여닫이문
나주 홍기종	정면	쌍띠방형	쌍띠방형	쌍띠방형	두여닫이문	두여닫이문	두짝미서기문
	배면	설주형	쌍띠방형	설주형(창)	외여닫이문 (골판)	두여닫이문 (골판)	살창
보성 이종선	정면	쌍띠방형	쌍띠방(머름형) -쌍띠방(머름형)	설주형	두여닫이문	3짝분합문 (머름형)	두여닫이문 (판장)
	배면	쌍띠방형	설주형	확인불가 (증축)	외여닫이문	두여닫이문	×
보성 임진영	정면	쌍띠방	설주형- 설주형	쌍띠방형	두여닫이문	4짝분합문+ 4짝분합문	두여닫이문 (판장)
	배면	설주형(창)	설주형	×	두여닫이창	두여닫이문+ 두여닫이문	외여닫이문
보성 이용욱	정면	설주형	쌍띠방- 쌍띠방	쌍띠방 -설주형(살창)	두여닫이문	외여닫이문+ 두여닫이문	두짝여닫이문 (판장문)
보성 이용욱	배면	―	―	―	외여닫이문	두짝여닫이문 (골판문)	미서기창
승주 조순탁	정면	쌍띠방형	설주형(분합문)	설주형 -쌍띠방형	두여닫이문	4짝분합문	두여닫이문+ 두여닫이문
	배면	쌍띠방형	쌍띠방형	쌍띠방형	두여닫이문	두여닫이문	두여닫이문 (판장문)
장흥 위계환	정면	쌍띠방형	설주형(4분합문)	쌍띠방형(	두여닫이문	두여닫이문+ 두여닫이문+ 두여닫이문	두여닫이문
	배면	쌍띠방형	쌍띠방형	외설주형 (살창)	―	―	―
화순 양동호	정면	쌍띠방형	설주형+ 설주형+ 설주형	설주형	두여닫이문	4짝분합문+ 4짝분합문	두여닫이문(골 판문)

가옥명		안 방	대 청	부 엌	안 방	대 청	부 엌
화순 양동호	배면	×	설주형	설주형 (확인필)	두여닫이문	두여닫이문+ 두여닫이문	×
장흥 고영완	정면	쌍띠방형	설주형 (4분합문)	설주형 (살창)	두여닫이문	4짝분합문	살창
	배면	쌍띠방형	쌍띠방형	외띠방 (골판문)	두여닫이문	두여닫이문	외여닫이문
장흥 위성룡	정면	쌍띠방형	쌍띠방형+쌍띠방 형	쌍띠방형 (살창)	두여닫이문	두여닫이문	살창+두여닫 이문(골판)
	배면	쌍띠방형	쌍띠방형+쌍띠방 형	—	두여닫이문	두여닫이문+ 두여닫이문	×
장흥 위성탁	정면	쌍띠방형	쌍띠방형	설주형 (창)	두여닫이문	두여닫이문	4짝미서기창
	배면	쌍띠방형	설주형 (골판문)	설주형 (확인필요)	두여닫이문	두여닫이문 (골판문)	외여닫이문 (판장문)
나주 박경중	정면	쌍띠방형	쌍띠방형	설주형	두여닫이문	4짝분합문+ 4짝분합문	두여닫이 (판장문)
	배면	쌍띠방형	쌍띠방형	설주형	두여닫이문	두여닫이문+ 두여닫이문	두여닫이 (판장문)
나주 최석기	정면	쌍띠방형	설주형	설주형 −쌍띠방형	두여닫이문	4짝분합문+ 4짝분합문	두여닫이
	배면	쌍띠방형	쌍띠방형	쌍띠방형	—	—	—
구례 운조루	정면	설주형	×(없음)	설주형	두여닫이문	×	두여닫이문 (판장문)
	배면	설주형 (뒷방)	설주형+ 설주형	설주형	—	—	—
담양 유종헌	정면	설주형	설주형	설주형	두여닫이문	3짝분합문	두여닫이문 (판장문)
	배면	설주형	설주형	설주형	외여닫이문	두여닫이문	증축
담양 김선기	정면	쌍띠방형	쌍띠방형+쌍띠방 형	쌍띠방형	두여닫이문	두여닫이문+ 두여닫이문	두여닫이문
	배면	쌍띠방형	쌍띠방형	설주형	두여닫이문	두여닫이문	외여닫이문
나주 김효병	정면	설주형	설주형+ 설주형+ 설주형 (4분합문)	설주형	두여닫이문	4짝분합문+ 4짝분합문+ 4짝분합문	두여닫이문
나주 김효병	배면	설주형 (확인필)	설주형+ 설주형+ 설주형 (판장문)	설주형 (판장)	두여닫이문+ 외여닫이문	두여닫이문+ 두여닫이문+ 두여닫이문	두여닫이문

5. 벽면의 비례특성

1) 일차원적 접근

(1) 수평적 요소

가. 칸의 너비와 문의 너비의 비

한 칸의 너비와 문의 수평크기의 비례관계에서 안방은 조사대상 20채 가옥 중 16가옥이 대체적으로 0.4~0.5 비례값을 보이고 있다.

대청의 경우는 조사대상 가옥(구례운조루를 제외한 19채 가옥) 중 6가옥(약 32%)이 0.8~0.9[19]의 비례값을 나타내고 있고 다음으로는 5가옥(26.3%)이 0.4~0.5[20]의 비례값을 보이고 있으며, 3가옥(약 16%)은 0.7~0.8, 그리고 윤탁가옥과 홍기종가옥의 경우 1.0의 비례값을 보이고 있다. 부엌의 경우는 9가옥(45%)이 0.3~0.4사이에 집중적으로 분포되어 있고 다음으로는 5가옥(25%)이 0.4~0.5사이의 비례값을 보이고 있으며 양동 호가옥과 운조루 2가옥은 0.2~0.3을, 0.9~1.0 도 2가옥이나 나타나 있는데, 이것은 부엌에 살창을 단 경우이다.

<그림 4-16>를 살펴보면 대청을 제외한 안방과 부엌의 칸 너비에 대한 문 너비의 비례값은 주로 0.3~0.5에 분포되어 있는 것으로 나타났으며 대청의 경우에는 그 값이 큰 쪽에 더 많은 가옥이 분포되어 있는 것으로 나타났다. 이는 대청의 경우 안방이나 부엌과는 달리 개방성과 폐쇄성을 동시에 가지고 있는 실의 특성상 대청의 전면부를 문으로 구성한 경우가 많기 때문에 나타난 보편적 결과이다.

---

19) 4짝 분합문 경우의 비례값이다.
20) 두여닫이문의 경우의 비례값이다.

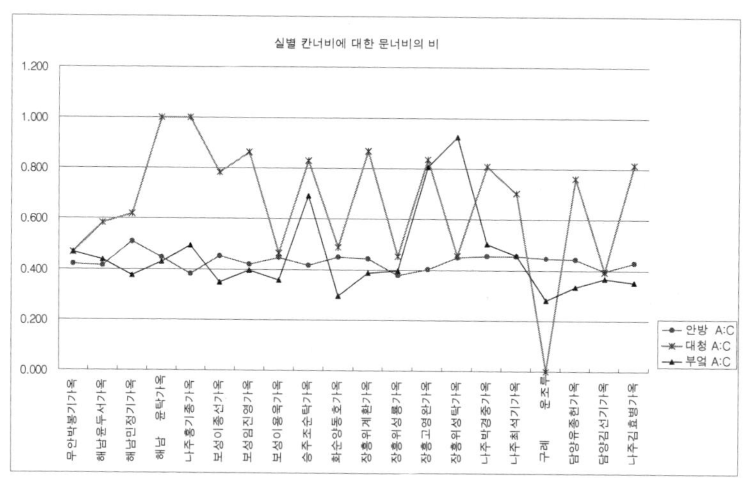

〈그림 4-16〉 가옥별 문의 너비/칸너비

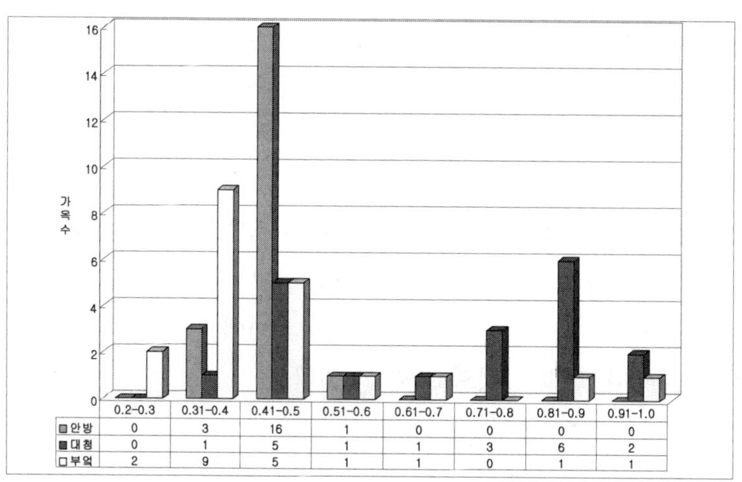

	0.2-0.3	0.31-0.4	0.41-0.5	0.51-0.6	0.61-0.7	0.71-0.8	0.81-0.9	0.91-1.0
안방	0	3	16	1	0	0	0	0
대청	0	1	5	1	1	3	6	2
부엌	2	9	5	1	1	0	1	1

〈그림 4-17〉 실별 칸 너비와 문의 너비의 비 빈도

〈표 4-36〉 각 실별 칸너비 : 문너비 평균

평균＼실	안 방	대 청	부 엌
칸너비:문너비	1:0.433	1:0.694	1:0.455
칸너비 평균(mm)	2611.50	2485.72	2578.50
문너비 평균(mm)	1124.1	1615.67	1146.9

2) 수직적 요소

본 연구에서는 기단에서 도리까지의 높이를 시각적으로 인식할 수 있는 건물의 벽면이라고 가정하고 벽면의 구성요소로서 크게 구분되는 지점을 기단상부에서 툇마루의 높이까지와 다시 마루위에서 문의 수직 높이로 나누어 비례관계를 살펴보았다.

가. 벽체 높이와 문 높이의 비례관계

안방의 경우 조사대상 20가옥 중 12가옥(60%)이 0.5~0.6의 비를 보이고 있으며 6가옥(30%)이 0.4~0.5의 비례값을, 2가옥(10%)이 0.6~0.7의 비례값을 보이고 있다.

대청의 경우에서도 안방과 마찬가지로 11가옥(55%)이 0.5~0.6의 비례값에 가장 많이 분포되어 있다. 다음으로는 4가옥(20%)이 0.6~0.7의 비례값을 보이고 있으며, 부엌은 7가옥(36%)이 0.6~0.7에서 가장 많은 분포를 보이고 있다. 다음으로는 6가옥(30%)이 0.5~0.6, 4가옥(20%) 0.2~0.4까지에, 2가옥(10%)이 0.4~0.5를, 1가옥(5%)이 0.7~0.8 비례값을 나타내고 있다.

분석결과를 종합하여 보면, 벽면을 이루고 있는 수직 길이에 대한 비례관계에서 안방과 부엌의 경우는 0.390, 0.398로 거의 비슷한 평균값을 보이고 있으나 대청의 경우는 벽면 전체 높이에 대해 문의 높이는 약 1/2값을 나타내고 있는 것으로 조사되었다.

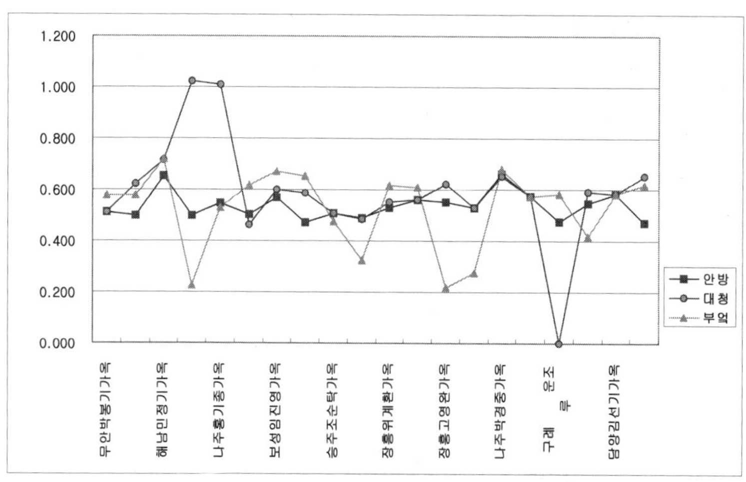

<그림 4-18> 가옥별 문높이/벽체높이

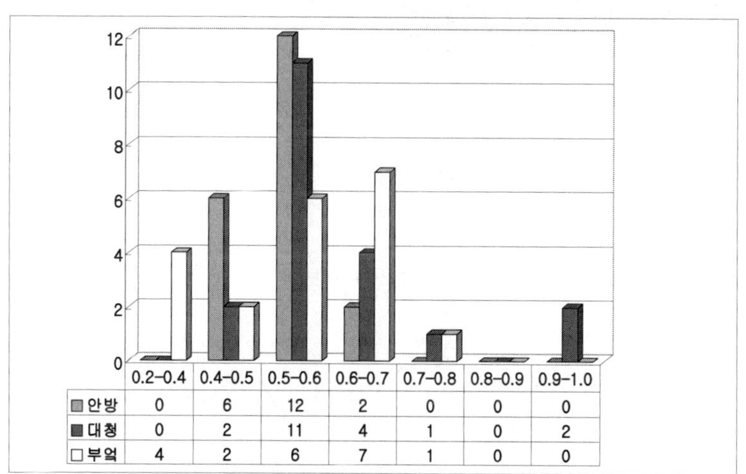

<그림 4-19> 실별 벽체높이와 문높이의 비례 빈도

<표 4-37> 각 실별 벽체높이 : 문높이 평균

실 평 균	안 방	대 청	부 엌
벽체높이:문높이	1:0.390	1:0.560	1:0.398
벽체높이평균(mm)	2882.7	2882.7	2882.7
문높이 평균(mm)	1541.7	1630	1508.7

나. 벽체 높이와 툇마루의 높이의 비례관계

그림에서 보는 바와 같이 가옥들 대부분 툇마루 높이가 벽면 전체 높이에서 차지하는 비는 0.2～0.25 사이에 60% (12가옥)를 차지하고 있다. 다음으로 많은 분포를 보이는 것은 0.15～0.2로 30%(6가옥)이며, 0.25～0.3은 10%(2가옥)를 차지하고 있는 것으로 조사되었다. 벽체 높이에 대한 툇마루의 비는 평균 0.217로 조사되었다.

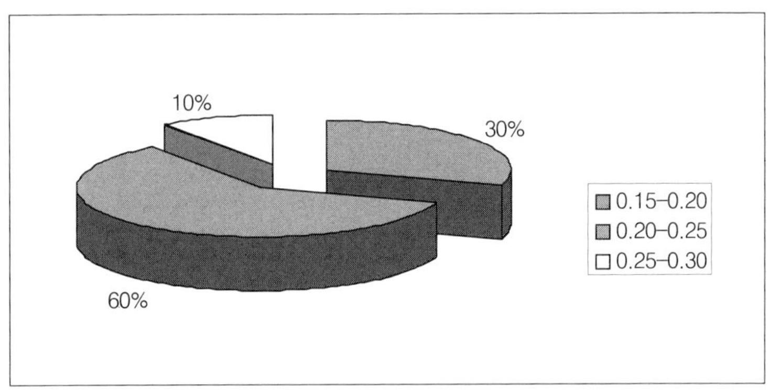

〈그림 4-18〉 벽면높이와 툇마루 높이 비 빈도

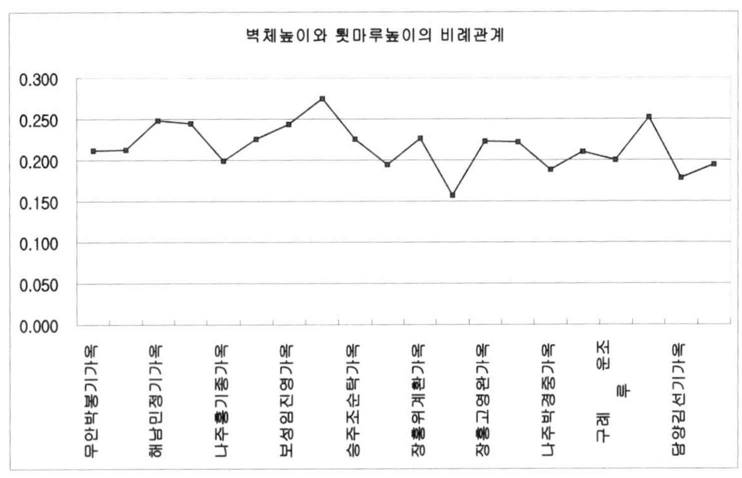

〈그림 4-19〉 가옥별 툇마루/벽체높이

3) 소 결

이상과 같이 수평적 비례와 수직적 비례관계를 종합하여 분석한 결과는 다음과 같이 요약할 수 있다.

대청을 제외한 안방과 부엌의 경우 수평적 비례에서는 한 칸이 이루고 있는 수평길이에 대해 벽과 개구부가 이루는 비는 3:4:3으로 분석되었으며 수직적 비례에서는 전체벽면 높이에 대해 툇마루와 개구부높이, 상인방 위에서 벽 끝까지를 나누어 그 비를 살펴보면 2:4:4로 나타났다.

〈표 4-38〉 일차원적 비례

안방과 부엌의 수평비례	안방과 부엌의 수직비례	대청의 수직비례
3 4 3 벽 / 벽체상부 / 개구부 / 벽 / 툇마루	벽 / 벽체상부 4 / 개구부 4 / 벽 / 툇마루 2	벽 / 벽체상부 2.2 / 개구부 / 벽 5.6 / 툇마루 2.2

2) 이차원적 접근

입면 구성요소를 기둥과 기둥에 의해 나누어진 칸의 수평 길이와 기단에서부터 평주 위까지의 수직 높이에 의해 형성되는 面的인 요소, 그리고 문의 수평 길이와 수직 길이에 의해 형성되는 面的인 요소라고 보고 이들이 어떠한 비례관계를 가지고 있는지 분석을 시도하였다.

수평 길이에 의해 수직 높이의 변화를 알아보기 위하여 첫 번째로는 칸 너비와 벽체 높이가 이루고 있는 비례관계와 두 번째, 문의 너비와 문 높이와의 비례관계, 세 번째 벽체 면적과 개구부 면적의 비례관계 등 세 가지로 분류하여 분석하여 보았다.

(1) 칸 너비와 벽체높이의 비례관계

칸의 너비에 따라 벽체 높이의 비례관계를 살펴본 결과 안방의 경우에는 1.0～1.1사이에 6가옥(30%)으로 가장 많이 분포되어 있으며 다음으로는 0.9～1.0 사이에 5가옥(25%)이, 1.2～1.3사이에 5가옥(25%), 1.1～1.2 사이에 3가옥(15%)으로 조사되었다. 대체적으로 0.9～1.0 사이의 5가옥만 제외한다면 나머지 15가옥들은 칸의 너비에 비해 벽체 높이가 약간 큰 장방형이라는 것을 알 수 있다.

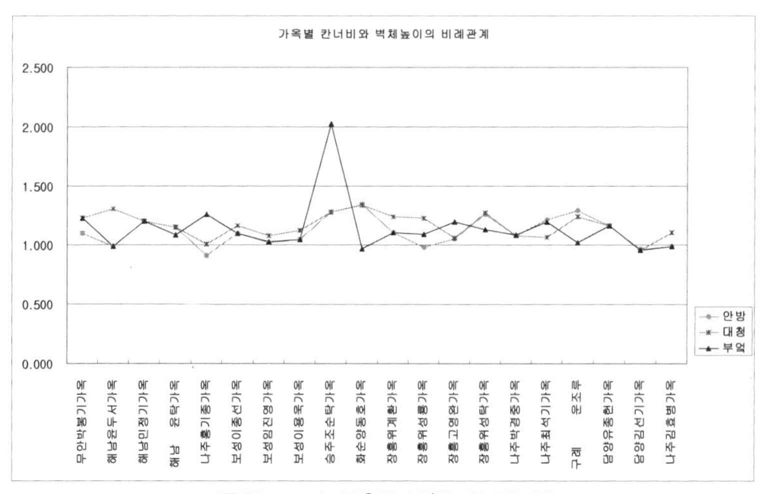

〈그림 4-20〉 가옥별 벽체높이/칸너비

〈표4-40〉 각 실별 칸너비:벽체높이 평균

평균 \ 실	안 방	대 청	부 엌	
칸너비:벽체높이	1:1.112	1:1.166	1:1.144	
칸너비 평균(mm)	2611.50	2485.72	2578.50	
벽높이평균(mm)	2882.75	2882.75	2882.75	

대청의 경우는 7가옥(35%)이 1.2～1.3사이에 분포하고 있으며, 다음으로는 1.0～1.1 사이와 1.1～1.2사이에 각각 5가옥(25%)이, 1.0이하에 1가옥(5%), 1.3이상이 2가옥(10%)으로 조사되었다.

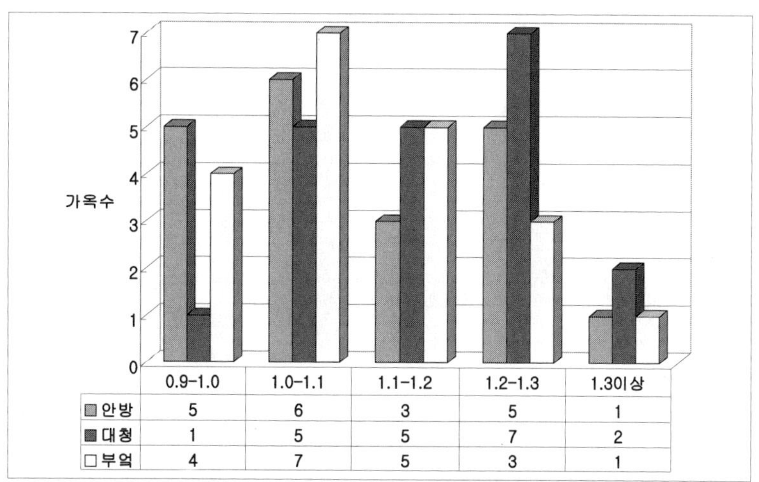

	0.9-1.0	1.0-1.1	1.1-1.2	1.2-1.3	1.30이상
안방	5	6	3	5	1
대청	1	5	5	7	2
부엌	4	7	5	3	1

〈그림 4-21〉 실별 칸너비와 벽체높이 비례 빈도

부엌은 안방과 마찬가지로 1.0~1.1사이에 가장 많은 분포(7가옥, 35%)를 보이고 있으며 다음으로는 1.1~1.2에 5가옥(25%), 0.9~1.0사이에 4가옥(20%), 1.2~1.3에 3가옥(15%)으로 조사되었다.

이와 같은 조사결과를 종합한 <표 4-40>을 살펴보면, 칸의 너비와 벽체 높이의 비례값은 대청이 가장 크게 나타났으며, 이는 각 실별로 칸의 너비의 평균값이 대청의 경우 다른 실에 비해 작게 나타났기 때문으로 보인다. 대청은 다목적 성격을 띠고 있는 공간으로서 그 실의 전체 규모, 즉 칸수는 가장 많다고 할 수 있는 공간이다. 그러나 조사한 결과에 나타난 바와 같이 그 칸의 너비가 다른 실의 칸에 비해 작게 나타남으로써 수직으로 장방형의 형태를 띠고 있다는 것을 알 수 있다. 이러한 이유는 보편적으로 가옥의 중앙에 위치한 대청 입면의 수직상승 효과를 의도한 결과라고 생각된다.

2) 문 너비와 문 높이의 비례관계

문의 너비변화에 따른 문 높이의 비례관계를 실별로 분석한 결과와 비례빈도는 아래 그림과 같이 조사되었다.

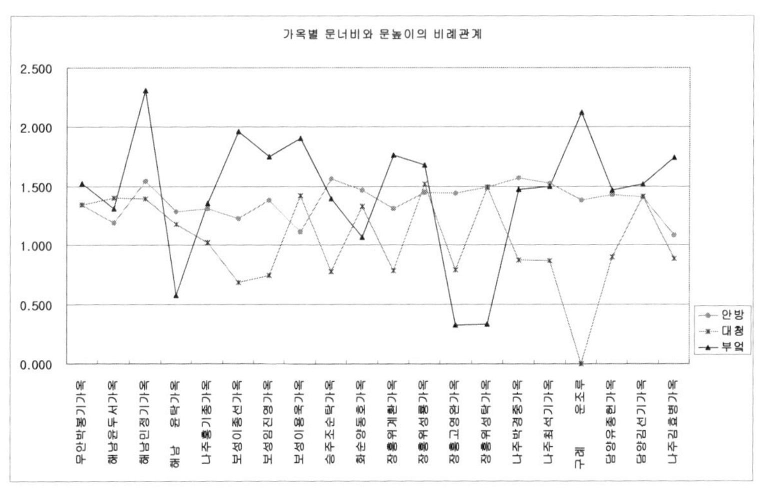

〈그림 4-22〉 가옥별 문높이/문너비

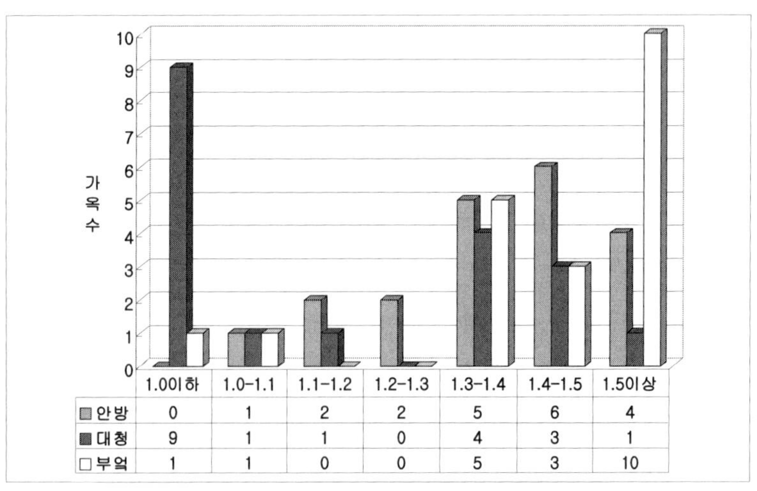

	1.00이하	1.0-1.1	1.1-1.2	1.2-1.3	1.3-1.4	1.4-1.5	1.50이상
안방	0	1	2	2	5	6	4
대청	9	1	1	0	4	3	1
부엌	1	1	0	0	5	3	10

〈그림 4-23〉 실별 문너비와 문높이의 비례 빈도

<표 4-41> 실별 문너비:문높이 평균

실 평 균	안 방	대 청	부 엌	
문너비:문높이	1:1.375	1:1.096	1:1.453	
문너비 평균(mm)	1124.15	1615.67	1146.9	
문높이 평균(mm)	1541.75	1630	1508.75	

안방의 경우에는 1.4~1.5사이에 6가옥(30%)으로 가장 많이 분포되어 있으며, 다음으로는 1.3~1.4사이에 5가옥(25%), 1.5이상으로 조사되었다.

대청의 경우에는 1.0 이하가 9가옥(45%)으로 가장 많은 분포를 보이고 있으며, 1.3~1.4사이에는 4가옥(20%), 1.4~1.5사이에는 3가옥으로(15%) 조사되어, 다른 실에 비해 그 비례 값이 정방형에 가깝게 나타났다. 부엌의 경우에는 1.5이상이 10가옥(50%)으로 가장 많이 조사되었으며, 1.3~1.4사이에는 5가옥(25%), 1.4~1.5사이가 3가옥(15%)으로 나타났다. 다른 실에 비해 가장 큰 장방형의 모습을 보이고 있다.

<표 4-41>를 살펴보면, 대청의 경우 문의 너비와 문의 높이는 다른 실에 비해 그 평균치가 크게 나타났으나, 문 너비와 높이의 비례 값은 거의 정방형에 가깝게 나타났다. 안방과 부엌의 경우에는 문 너비에 대한 높이의 비례값은 약 $1\sim\sqrt{2}$의 값을 보이는 장방형의 형태를 띠고 있는 것으로 분석되었다.

3) 벽체 면적과 개구부 면적의 비례

벽체 면적에 대한 개구부 면적의 비례관계를 조사한 결과 안방은 조사대상 가옥 중 10가옥(50%)이 벽체 면적이 개구부 면적에 비해 4~5배 정도 크게 나타났으며, 대청의 경우에는 조사대상 가옥 중 13가옥(65%)이 비례값이 3.0 이하로 나타났다. 부엌은 8가옥이(40%)이 3~4사이에 분포되어 있고, 6가옥(30%)이 4~5사이에 분포되어 있는 것으로 조사되었다.

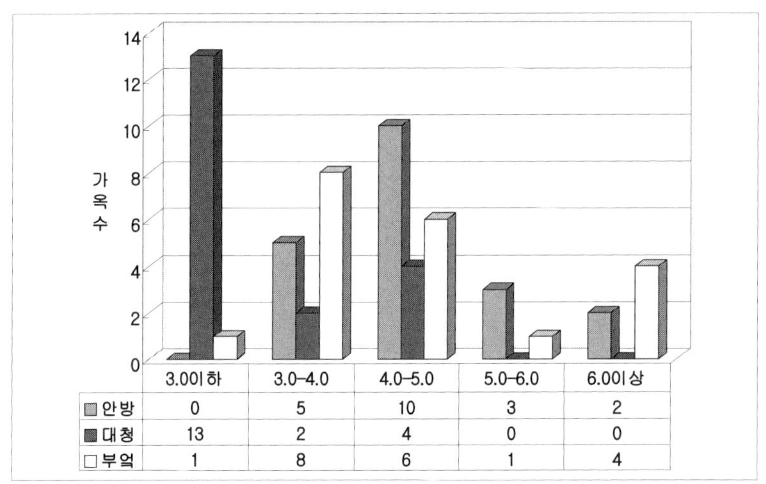

	3.0이하	3.0-4.0	4.0-5.0	5.0-6.0	6.0이상
안방	0	5	10	3	2
대청	13	2	4	0	0
부엌	1	8	6	1	4

〈그림 4-24〉 실별 벽과 개구부 면적의 비례 빈도

〈표 4-42〉 실별 벽체와 개구부 면적의 평균과 비례

항 목	안 방	대 청	부 엌
벽체면적:개구부면적	1 : 0.225	1 : 0.424	1 : 0.227
벽체 면적 평균(㎡)	7.517	7.182	7.454
개구부면적평균(㎡)	1.684	3.051	1.639

<표 4-42> 에서 나타난 바를 종합해 보면 안방과 대청, 부엌의 한 칸이 이루고 있는 벽체 면적의 평균은 7.454~7.517㎡로 비슷한 수치를 보이고 있는 것을 알 수 있다. 이러한 벽체 면적에서 개구부 면적은 안방과 부엌의 경우 비슷하게 약 23%로 정도를 차지하고 있는 것으로 나타난 반면, 대청의 경우는 약 벽체면적에서 개구부 면적이 42%로 정도를 차지하고 있는 것으로 나타났다. 이것은 앞서 서술하였던 바와 마찬가지로 대청의 기능적 요구에 의해 개구부가 다른 실에 비해 차지하는 면적이 큰 탓이다.

6. 소 결

1) 구성요소에 의한 조형원리

① 수장재는 가옥의 정면과 배면에 따라 그 유형이 달라지기 보다는 각 실의 기능에 따라 그 유형이 다르게 나타나는 것으로 조사되었다. 즉, 부엌의 경우 설주형이 주로 나타난 것은 안방이나 대청과는 달리 상대적으로 위계가 낮은 작업공간으로서, 장식성보다는 기능적 편리함이 벽면의 구성에 영향을 미친 것으로 보인다.

② 창호를 통해 벽면의 조형 원리를 살펴본 결과 정면은 배면에 비해 보다 정연한 형태를 지님으로써 실의 기능보다는 정면의 시각적 특성을 중요시 여긴 것으로 보여진다. 반면에 배면은 정면보다 실의 기능을 고려한 자유로운 형태로 구성되어져 있다는 것을 알 수 있다.

2) 비례관계에 의한 조형원리

① 일차원적 비례관계에서 안방과 부엌의 경우, 수평적 비례와 수직적 비례값이 비슷하게 나타났으나 대청의 경우는 수평적 비례에서 분합문의 설치로 인해 문이 차지하는 너비가 크게 나타났다. 수직적 비례에서도 벽체 높이에서 문의 크기가 더 큰 것으로 조사된 것으로 보아 대청은 안방과 부엌과는 다른 비례체계를 보여주고 있다는 것을 알 수 있다. 이는 대청의 기능과 그 위계에 따라 그 개구부의 높이를 고려한 것을 나타내주고 있는 것이다.

② 이차원적 비례관계를 종합하여 보면, 안방과 부엌의 경우에는 칸과 벽체가 이루고 있는 사각형의 그리드(안방－1:1.12, 부엌－1:14)는 대청에 비해 1 과 가까운 정방형의 형태를 보이고 있는 반면 개구부가 이루는 그리드는 $\sqrt{2}$에 가까운 장방형(안방－1:1.375, 부엌－1:1.453)의 형

태를 보이고 있는 것으로 조사되었다. 이에 반해 대청의 경우에는 오히려 안방과 부엌보다 적은 칸의 너비에 의해 벽체가 이루고 있는 그리드(1:1.166)는 장방형의 형태를 띠고 있으나 개구부(1:1.096)는 1에 가까운 정방형의 형태를 보이고 있었다. 이는 벽체가 이루고 있는 그리드 형태가 정방형일 경우 개구부에 의한 그리드의 형태는 장방형을 보이는 반면 벽체의 그리드가 장방형일 경우 개구부는 정방형의 형태를 보이고 있는 것으로 나타났다. 이것은 벽체에서 형성되는 여러 개의 그리드는 정방형과 장방형의 상호 조합을 통한 조형원리를 표현하고자 한 것으로 추정된다.

전통주거건축의 벽체에서 창호, 즉 개구부가 이루는 비례관계를 일차적 자료들을 가지고 살펴봄으로써 벽면에 내재되어 있는 의장 원리와 조형 의식을 살펴보고자 하였다. 분석결과 창호에 의해 이루어지는 벽체의 面的 구성들은 조금씩 차이는 있으나 1:1과 1:$\sqrt{2}$의 그리드의 형태를 추구하고 있음을 알 수 있었다. 조사결과를 통해, 건물의 입면은 조상들이 선호하였던 의장적 요소와 비례관계를 내포하고 있었던 것으로 보인다.

Ⅵ. 전통주택과 공동주택의
온열환경 조절요소[21]

우리의 전통주택은 기본적으로 자연에 순응하는 것을 원칙으로 지역별 기후 특성에 적합한 형태와 주위에서 손쉽게 얻을 수 있는 자재를 바탕으로 외부환경요소의 변화에 대하여 내부환경요소를 보존할 수 있

---

21) 송민정, 전통주택과 공동주택의 온열환경 조절요소에 관한 연구, 호남문화연구 제29집, 2001.12 호남문화연구소 주관.

는 방안을 채용하였다.

오랜 세월동안 주위의 기후와 자연환경에 적응 발전하면서 우리의 생활과 풍토에 알맞게 계승되어온 전통민가의 외부환경조건 변화에 따른 내부 환경 요소의 변화연구를 통하여 전통적 환경 조절 수법을 이해하고, 현대 공동주택의 환경 변화 정도와 비교하여 그 차이점을 파악하고자 한다.

전통주택의 자연형 환경 조절 요소를 파악하고, 나아가 전통적 환경 조절 수법의 현대 건축에의 적용에 대한 기초자료가 될 수 있으리라 사료된다.

이를 위해 전통주택과 공동주택을 대상으로 외부공간이라고 할 수 있는 마당과 내부공간이라고 할 수 있는 안방에 IAQ(Indoor Air Quality) 측정기를 설치하여 외부환경 변화에 따른 내부 환경요소 변화를 살펴보았다.

주위에서 얻을 수 있는 자재를 이용한 전통주택의 열환경적 측면에서의 조절방안을 정량적으로 분석하여 그 효과를 현대 공동주택과 비교하여 파악하고자 한다.

비교대상의 전통주택은 전남지방으로 한정한다.

1. 자연적 배경

자연환경이 건축에 미치는 영향은 기후요소에 의해 크게 좌우되며, 이른바 토속건축에서 자연환경의 영향이 뚜렷하게 나타나고 있다.

1. 지형적 요인 : 사막, 고원, 분지, 구릉, 산맥, 산림, 열대, 해안
   - 열대지역에서는 실내바닥을 높여 시원한 바람이 통풍되게 하고 열이나 습기 제거, 지표하의 물을 피할 수 있음.
   - 그러나 강풍이 있는 고원지대 등에는 바람이 잘 통하는 형태의 건축물을 건조하지는 않는다.
2. 천연 건재자원의 상황 : 목재, 얼음, 석재, 흙벽돌 등

- 목재 종류를 사막에서 사용하면 금방 건조해서 갈라지고, 건조 흙벽돌을 습한 지역에서 사용하면 허물어진다.

3. 수자원의 상황
- 지표에서의 물의 상황은 급수방식, 건물위치, 배수 등에 결정적인 요인으로 작용한다.

4. 위도의 요인(일사)
- 위도에 따라 온도가 좌우되는 경우가 대부분이므로 건물의 형태에 많은 영향을 미친다.
- 태양빛은 수직입사시 가장 많은 에너지를 수용할 수 있다.

5. 기온
- 건물 디자인과 형태 결정에 매우 큰 영향을 미친다. 창면적, 방위 등 결정

6. 습도
- 보습, 가습 및 제습고려
- 고온 다습한 공기는 고온 건조한 공기보다 덥게 느껴진다.

7. 기류, 바람
- 환기, 폭풍

8. 강수량

2. 한국전통주택의 환경특성

1) 배치계획[22)

(1) 원칙 : 자연환경에 순응하는 건물배치와 좌향

(2) 방위 및 배치 : 겨울 일사취득과 여름 통풍이 가장 중요한 요소

— 남쪽 배치가 가장 좋은 것으로 생각되나 실제로는 동남향의 배치가 가장 많고 그 다음이 서남향 배치(∵정남향은 겨울에는 유리하나 차양이 없을 경우 여름철 과열 유발, 동향으로 약간 기우는 배치는 오전중의 열획득으로 실내온도 변화폭이 적다)

— 안뒤 부분에 식재하여 시선차단과 방풍 및 그늘 효과. 여름철 마당부분의 지열상승을 통한 통풍유발

---

22) 이경회, 「자연환경조절측면에서 본 한국전통주택의 환경특성」, 대한건축학회지 30권 3호, 1986. 5.

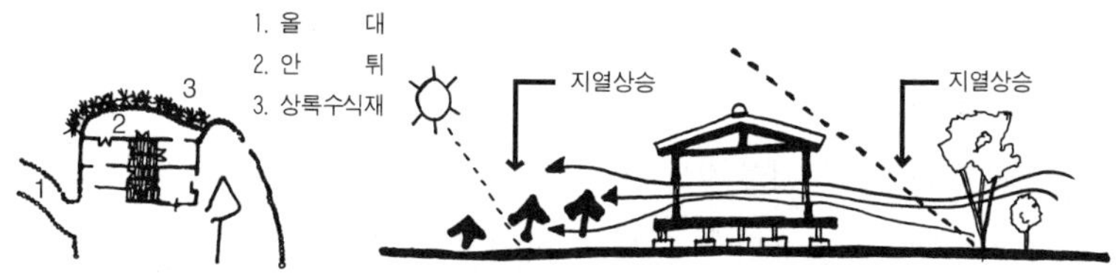

〈그림 4-25〉 안뒤에 의한 실외 기류현상

- 남쪽을 전면으로 하고 나즈막한 산등성이에 위치하여 자연적으로 장
  애물을 등진 위치에 있게 된다. 겨울철 북서계절풍 차단, 여름철 남
  동풍 관류

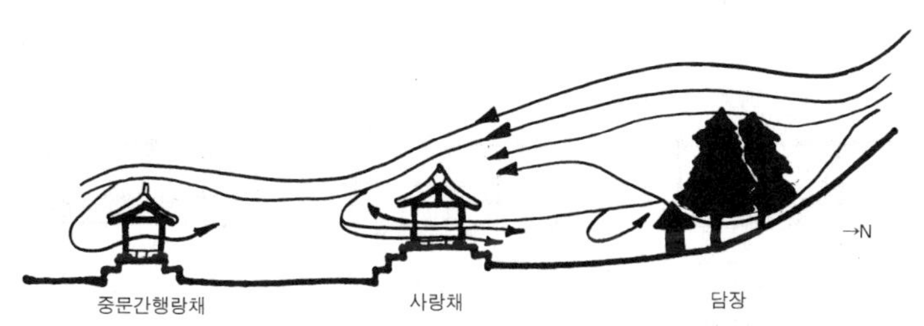

〈그림 4-26〉 겨울철 수목 및 담장에 의한 기류의 변화

3. 평면계획

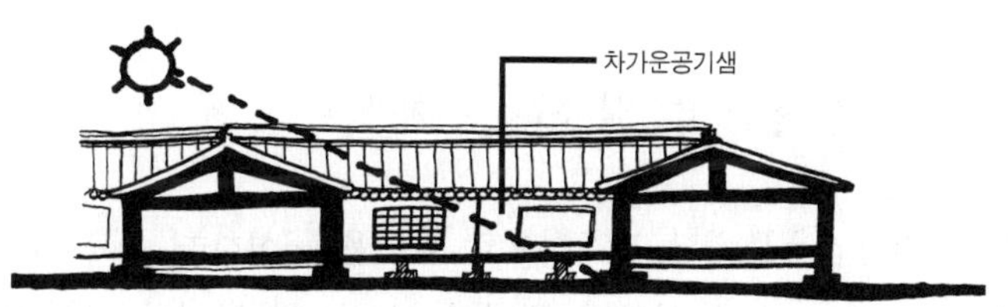

〈그림 4-27〉 ㄷ자형 평면주택의 밀집배치에 의한 중정형 열시스템

- 평면형태에 따라 외통집, 양통집, 겹집 및 곱은자집의 4가지로 대별할 수 있다.
- 곱은자집은 근세 서울지방의 주택밀집 지역에 건축되는데, ㄱ자형을 이루는 안채와 일자형을 이루는 사랑채가 대문간을 중심으로 ㄷ자형 평면형태가 주종을 이룬다. 여름철에는 주위 건물에 의하여 그림자를 만들어 햇빛을 차단하고 겨울에는 열용량이 큰 흙벽의 중첩으로 외부로의 열전열을 방지한다.
- 양통집은 밀실한 평면형태와 작은 표면적을 보여주고 있어 에너지 절약형 주택의 개념과 일맥상통하다. 이러한 형태의 주택에서는 부엌과 마루부분을 주간에는 연등반자로하여 통풍효과를 꾀하고 야간에는 고미반자를 쳐서 열적관성을 증대시킨다.

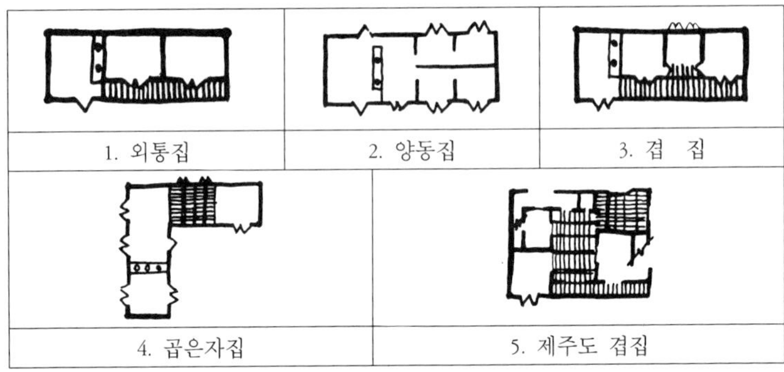

1. 외통집	2. 양동집	3. 겹 집
4. 곱은자집		5. 제주도 겹집

〈그림 4-28〉 민가의 평면형태

4. 일사(열) 및 일조(소독)계획[23]

- 지붕은 전통건축물에서 시각적으로 입면을 구성하는 주요 요소이다.
- 강우량이 많고 습한 일본과 동남아와는 달리 구배가 급하지 않다.

---

23) 앞의 책.

- 처마는 외벽과 창호가 침수되지 않게 보호하며, 박공면을 정면으로 삼는 서양과는 달리 여름철 뜨거운 태양의 직사광선의 실내유입을 막는다.
- 처마의 수직음영각 : 지붕의 두 기능(낙수처리, 일사조절)을 더욱 보완하기 위해 필요에 따라 "달개"와 "차양"을 설치하였다. 해남 윤고산 고택 등에서 보이는 차양은 주거공간 정면에 다시 기둥을 세워 지붕을 형성함으로서 일사조절효과를 얻고 있다.

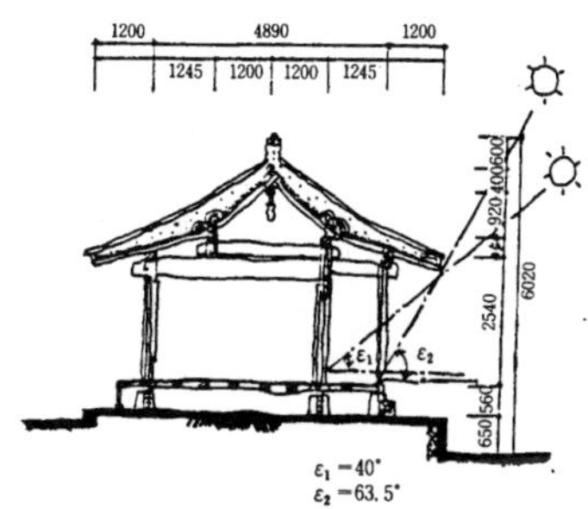

〈그림 4-29〉 처마와 차양

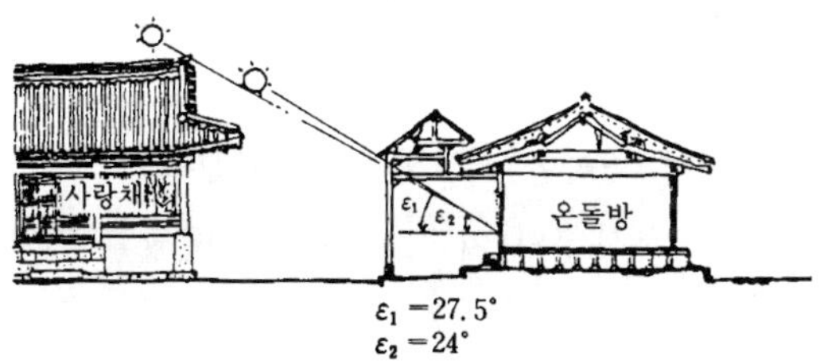

〈그림 4-30〉 외부기둥에 의한 차양의 수직음영각

5. 통풍계획

- 여름철 흡입구 역할을 하는 대청의 개구부는 들어열개로 되어 있어

인체의 수분증발에 의한 냉각효과를 증대시킨다.

– 겨울철에는 개구부를 덧문이나 널문으로 폐쇄하여 후면부의 퇴간과
함께 실내외 차가운 기류의 통과를 차단하고 있다.

〈그림 4–31〉 대청의 들어열개

– 온돌이 겨울철 난방시설이라면 마루는 여름철을 효과적으로 보내기
위한 시설이다.

6. 건축재료의 특성을 이용한 환경조절

– 주위에서 취득이 용이한 재료를 이용하였다.

– 지붕재료 : 태양복사열의 차단효과가 큰 볏집과 기와

– 벽체재료 : 열용량이 큰 흙
이러한 재료는 여름철에는 뜨거운 복사열을 차단하여 실온변동폭을
적게하고 겨울철에는 열용량이 큰 볏집과 흙벽으로 시간지연효과에
의해 실온변동폭을 적게했다. 기와지붕은 흡·방습성이 좋기 때문에
실내습도 변동의 완화시켜 쾌적한 습도조건 유지

– 창호재, 가구재, 바닥재로 쓰이는 나무는 열전도율이 낮아 열교현상
에 의한 건물 열손실을 적게 하였다.

- 격자 창살은 현대건축의 Sun Screen과 같은 역할을 하여 여름에는 그늘을 제공하고 겨울에는 창문 바깥쪽에 공기층을 형성하여 열손실을 적게한다.
- 창호지는 투명성, 통기성, 열적성능이 우수하다.
    : 맹장지(창살 앞뒤로 두껍게 바른 것)는 겨울철 보온의 역할
    : 유리는 자외선이 통과되지 않지만 창호지는 양호
    : 직사광선을 50% 정도만을 투과시켜 부드러운 확산광 실내 유도
    : 실내 발생음을 흡수하여 울림현상을 줄여 양호한 음환경 형성

7. 전남지방 전통주거건축 온열환경 측정

전통주택과 현대 공동주택의 환경 조절 수법을 비교하기 위하여 전통주택의 마당과 안방 그리고 현대 공동주택의 화단과 안방에 환경 요소를 측정할 수 있는 IAQ(Indoor Air Quality) 측정기를 설치하여 내외부 온열환경요소 변화를 살펴보았다.

본 실험에 앞서 예비실험 결과 즉, 전통가옥에 대한 온도 변화 검토를 통해 살펴본 결과, 외부 환경조건에 따른 외부 환경변화가 거의 동일하게 측정되어 본 연구에서는 조승훈가옥과 현대 공동주택 1호에 대해서만 온도 습도 기류 복사의 4온열요소에 대한 측정을 실시하였다. 따라서 두 가옥이 전통주택과 현대 공동주택의 전형이라고 해도 무방하리라 사료된다. 이러한 연유로 두 가옥에 대해서만 측정을 실시하였다.

1) 측정일정 및 대상가옥
- 조승훈가옥 : 전남 순천시 주암면 구산리 664번지
    : 2001. 9. 8. 12:00 ~ 2001. 9. 9. 12:00

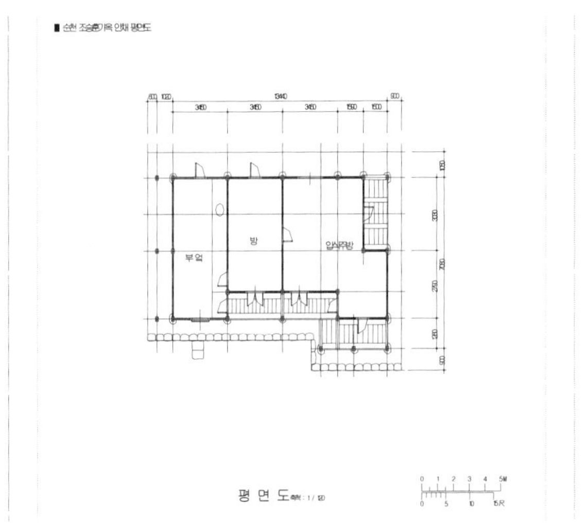

〈그림 4-32〉 조승훈가옥 평면도

— 광주시 송정동 D아파트 208호, 209호

: 2001. 9. 13. 12:00 ～ 2001. 9. 14. 12:00

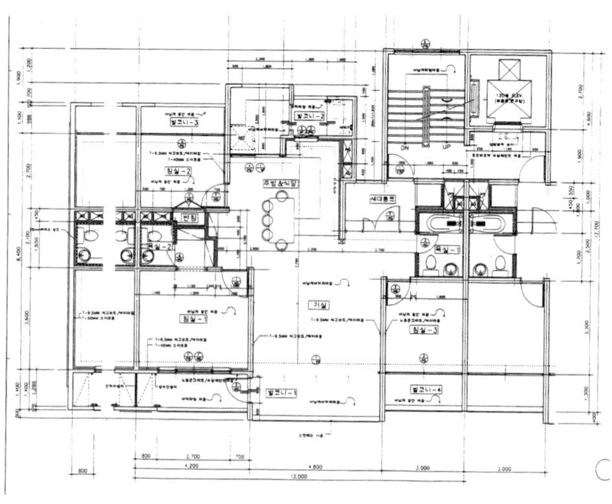

〈그림 3-33〉 송정동 D아파트 평면도

2) 측정방법

- IAQ(Indoor Air Quality) 측정기

  : 온도, 습도, 기류, 복사, 조도 등 자동측정 가능

- 사람이 거주하지 않는 전통주택과 공동주택의 안방을 대상으로 하였다.

  시간별 문 및 창호의 개폐에 따른 온습도 변화를 살펴보기 위하여 전면개방(맞통풍) 및 부분개방(前面部)을 실시하였다. 전면개방은 주거와 앞과 뒤 모든 창호를 개방한 상태를 의미하고 부분개방은 건물 전면부의 창호만 개방한 상태를 의미한다.

  안방 부분개방 : 08~10시, 16~18시

  전면개방 : 10~12시, 14~16시

3) 측정결과 및 분석

아래 그림은 조승훈가옥과 현대 공동주택의 안방과 마당에서의 흑구온도의 시간대별 변화를 보여주고 있다.

전통주택이나 현대 공동주택 모두 실이 폐쇄된 시간대에는 흑구온도가 매우 일정한 상태를 유지하고 있음을 알 수 있다. 문의 개폐에 따라 흑구온도가 약간씩 변하고 있으나 그 변화폭은 크지 않음을 알 수 있다. 이는 벽체 및 지붕 구성요소의 열용량이 크기 때문에 실의 개폐에 따른 영향이 적고 실의 폐쇄시에는 일정한 온도를 유지하고 있음을 알 수 있다. 따라서 전통주택과 공동주택 모두 흑구온도에 대해서는 항상성을 유지하고 있다고 할 수 있다. 특히 현대 공동주택의 경우에는 인근세대가 단열세대 및 완충세대로 작용하여 안정적인 상태를 유지하는 데 많은 도움을 준 것으로 판단된다.

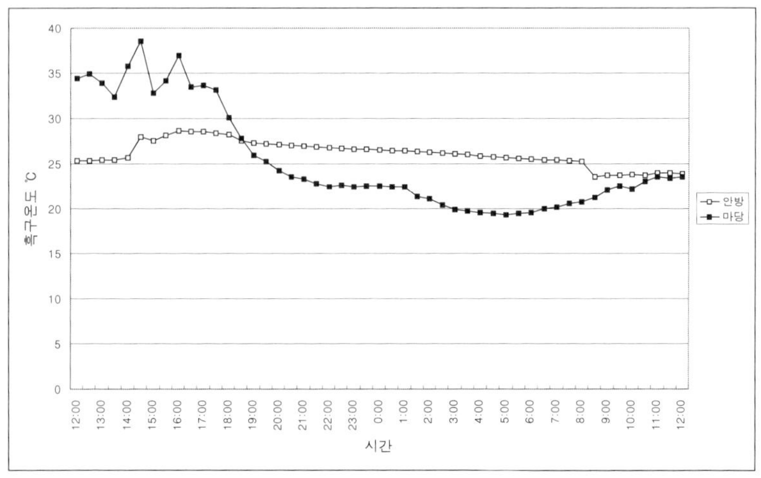

〈그림 4-34〉 조승훈가옥 흑구온도 변화

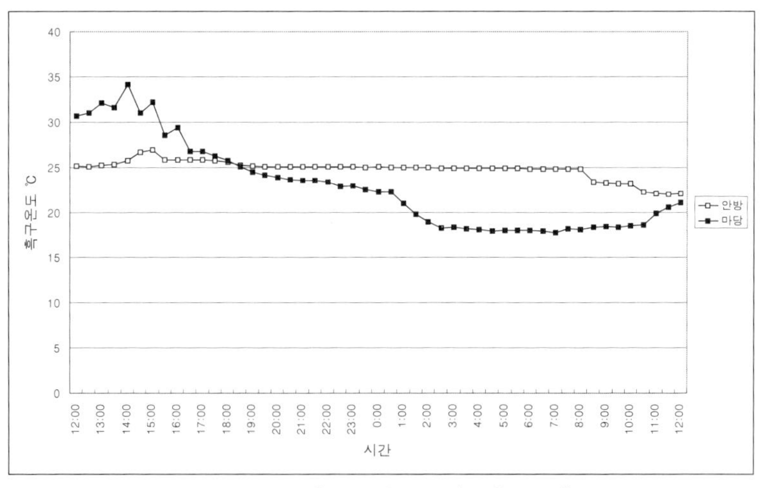

〈그림 4-35〉 현대 공동주택 흑구온도 변화

아래 그림은 각 주택의 시간대별 건구온도 변화를 보여주고 있다.
건구온도의 경우에도 폐쇄시에는 전통주택이나 공동주택 모두 매우
안정적인 상태를 유지하고 있음을 알 수 있다. 전통주택의 경우에는 단
독으로 안채가 성립되어 있는데도 불구하고 열에 대한 항상성이 매우

우수함을 알 수 있다. 이는 열용량이 큰 재료로 벽체와 지붕이 구성되어 외부 환경조건 변화에 따른 영향을 크게 받지 않기 때문으로 사료된다. 그리고 구성재료의 열전도율이 대부분 매우 낮아 내부의 열이 쉽게 빼앗기지 않기 때문으로 사료된다.

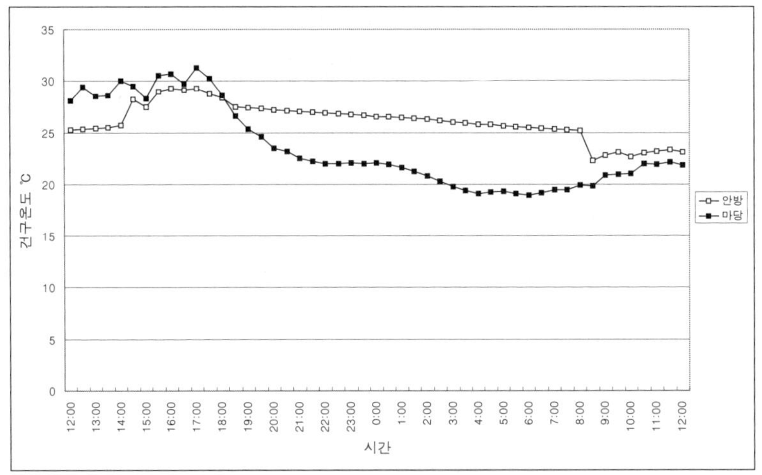

〈그림 4-36〉 조승훈가옥 건구온도 변화

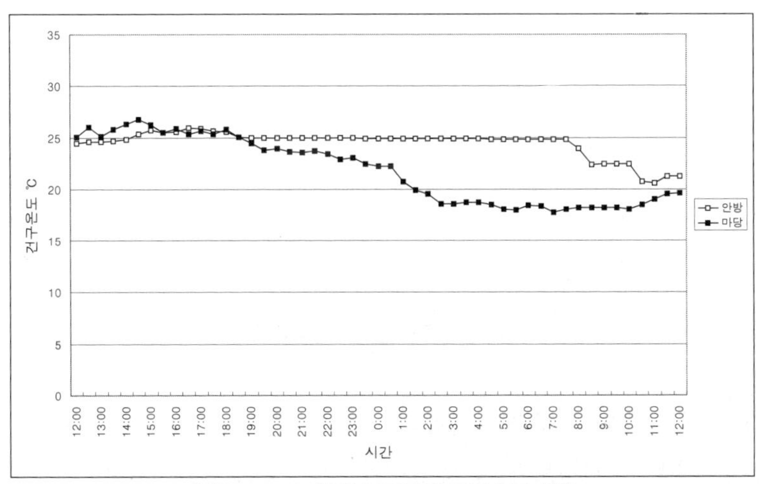

〈그림 4-37〉 현대 공동주택 건구온도 변화

　　현대 공동주택의 경우에는 전통주택의 경우보다 열에 대한 항상성이 매우 우수하게 나타나고 있는데, 이는 앞서 흑구온도의 경우에서 언급했듯이 위아래 및 측벽세대가 열에 대한 완충작용을 하여 단열재 및 보온재로서 작용하기 때문에 열에 대한 항상성이 매우 우수하게 나타났다. 현대 단독주택의 경우에는 이와 같은 항상성이 우수하지 못한 것이 대부분인데, 그 이유는 벽체 및 지붕의 구성재료의 열전도율이 크기 때문에 실내의 열을 잘 빼앗길 수 있는 구성재료이기 때문이다.

　　흑구온도와는 달리 건구온도의 경우에는 실의 개폐에 따라 실내의 기온이 빠르게 외기온에 근접하고 있음을 알 수 있다. 이는 환기 등에 의한 효과로 건구온도가 빠르게 변화한 것으로 판단된다.

　　아래 그림은 측정대상 가옥의 시간대별 상대습도 변화를 보여주고 있다.

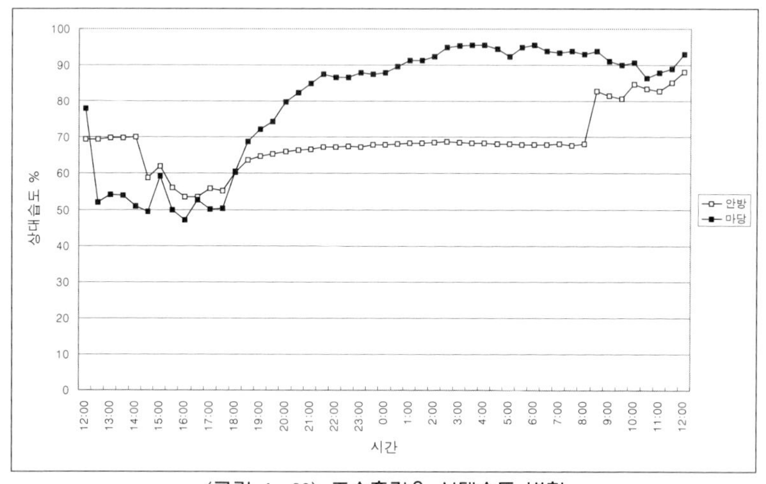

〈그림 4-38〉 조승훈가옥 상대습도 변화

　　폐쇄시간 중의 상대습도 변화폭을 살펴보면 조승훈가옥의 경우가 현대 공동주택의 경우보다 그 변화폭이 작은 것을 알 수 있다.

밀폐력이 매우 우수하다고 판단되는 현대 공동주택의 상대습도 변화 폭이 더 크게 나타난 것인데, 이는 구성재료의 보습능력이 전통주택이 현대 공동주택에 비해 우수하다는 것을 반증하고 있는 것이라고 할 수 있다.

즉, 현대 공동주택의 구성재료인 철근 콘크리트는 보습력이 없어 실내의 습도변화에 따라 벽체구성요소가 그 변화폭을 완화시키지 못해 습도변화가 크게 나타난 것으로 판단된다.

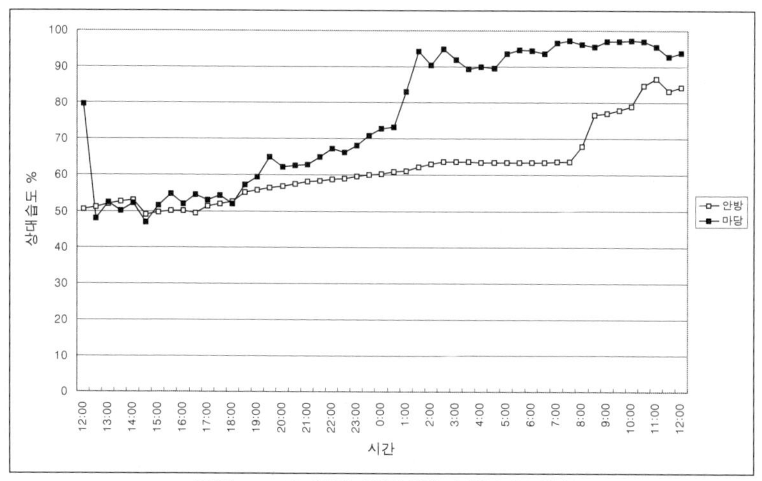

〈그림 4-39〉 현대 공동주택 상대습도 변화

창호의 개폐에 따라 내부 습기가 외부 습도에 매우 빠르게 가까워지고 있는데, 이는 환기에 의해 내외부의 습도가 같아지기 때문이다. 반대로 전통주택의 경우에는 창호지 하나로 내부의 습기를 그대로 보존하고 있었다는 것을 의미한다. 이는 창호지의 보습능력이 매우 우수함을 반증하는 결과라고 할 수 있다.

아래 그림은 창호 개폐시 각 측정가옥의 시간대별 기류속도 변화를 보여주고 있다.

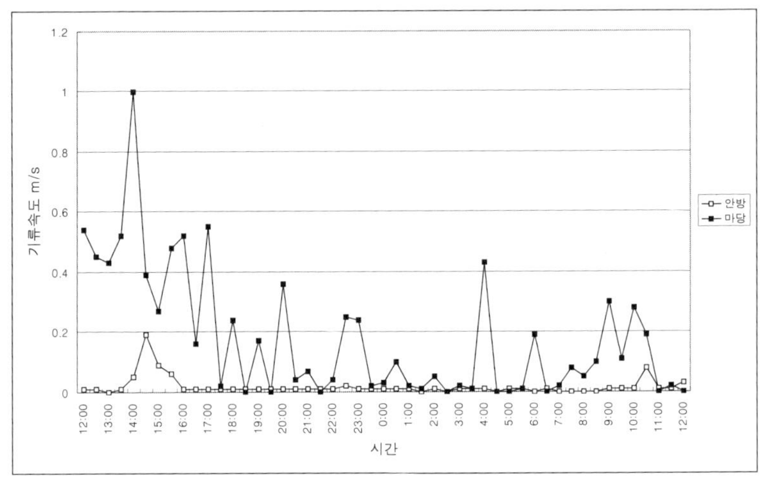

〈그림 4-40〉 조승훈가옥 기류속도 변화

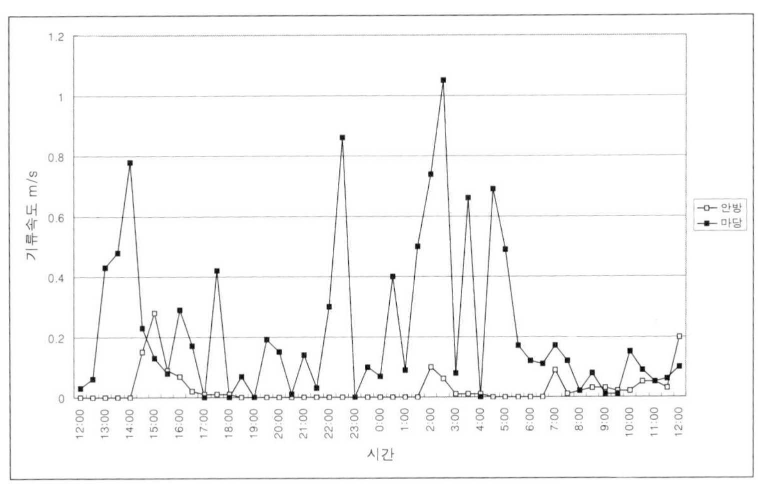

〈그림 4-41〉 현대 공동주택 기류속도 변화

외부의 기류속도 변화에 따라 내부 기류속도는 현대 공동주택의 경우
가 전통주택에 비하여 전면개폐시 약간 빠르게 측정된 것을 알 수 있다.
현대 공동주택의 경우 그 위치가 지반에서 높게 위치한 경우가 많고 창호의 면적이 전면 및 후면 벽체의 대부분을 차지하고 있어 통풍에 관해서는 전통주택에 비해 양호한 조건을 갖추고 있다고 할 수 있다. 따라서 현대 공동주택의 경우가 기류속도가 높게 측정되었다.

현대 공동주택이 문의 개폐에 의해 환기를 도모하기가 전통주택에 비하여 용이함을 알 수 있다.

8. 소 결

우리의 전통주택은 기본적으로 자연에 순응하는 것을 원칙으로 지역별 기후 특성에 적합한 형태와 주위에서 손쉽게 얻을 수 있는 자재를 바탕으로 외부환경요소의 변화에 대하여 내부환경요소를 보존할 수 있는 방안을 채용하였다. 그 기본적인 원칙과 방법은 앞에서 다루었다.

그리고 전통주택과 현대 공동주택의 외부환경요소 변화에 따른 내부환경요소 변화정도를 측정한 결과를 통해 얻은 소결은 다음과 같다.

① 전통주택이나 현대 공동주택 모두 실이 폐쇄된 시간대에는 흑구온도가 매우 일정한 상태를 유지하고 있음을 알 수 있었다. 이는 벽체 및 지붕 구성요소의 열용량이 크기 때문에 일정한 온도를 유지하고 있음을 알 수 있었다.

② 건구온도의 경우, 전통주택은 안채가 성립되어 있는데도 불구하고 열에 대한 항상성이 매우 우수함을 알 수 있었다. 이는 열용량이 크고 열전도율이 낮은 재료로 벽체와 지붕 및 창호가 구성되어 외부환경조건 변화에 따른 영향을 크게 받지 않기 때문으로 사료된다. 현대 공동주택의 경우에는 전통주택의 경우보다 열에 대한 항상성이 매우 우수하였는데, 이는 위아래 및 측벽세대가 열에 대한 완충작용을 하여 단열재 및 보온재로서 작용하기 때문이었다.

③ 상대습도 변화의 경우, 밀폐력이 매우 우수하다고 판단되는 현대 공

동주택의 상대습도 변화가 전통주택에 비하여 크게 나타났는데, 이는 구성재료의 보습능력이, 전통주택이 현대 공동주택에 비해 우수하다는 것을 반증하고 있는 것이라고 할 수 있다.

④ 현대 공동주택의 위치가 지반에서 높게 위치한 경우가 많고 창호의 면적이 전면 및 후면 벽체의 대부분을 차지하고 있어 통풍에 있어서는 전통주택에 비해 양호한 조건을 갖추어 전통주택의 경우보다 기류속도가 빠르게 측정되었다.

Ⅶ. 전통마을 공동체 신앙의 공간적 해석[45)

1. 서

인간은 농경사회 이래 집단생활을 영위해왔으며, 이러한 집단생활은 지역공동체(regional community)라는 공간적 형태로 나타났다. 또한 인간은 자신을 포함한 공동체의 안녕을 기원하고 불확실한 미래에 대한 두려움을 해결하기 위한 수단의 하나로서 독특한 신앙체계를 발전시켜 왔다(최길성, 1989). 따라서 공동체와 공동체를 중심으로 이루어지는 독특한 신앙체계는 인간이 특정 지역을 점유하고 살아가면서 자연스럽게 발현된 하나의 공간적 행태라고 정리할 수 있다(남도민속학회, 1998).

우리가 흔히 민간신앙이라고 칭하는 것은 다른 용어로 '민속신앙'이라고도 하는데, 글자 그대로 민간사회에서 내재적으로 발생하고 말과 행위를 매개로 전승되는 종교를 의미한다(민속학회, 1994). 특히 유교적

---

45) 박의준, 이정록, 천득염, 전통마을 공동체 신앙의 공간적 해석(전통문화마을 장흥군 방촌을 사례로) 대한지리학회, 2002.6, 37권 2호, 131~142쪽.

전통의 뿌리가 깊은 우리나라의 경우 전통 민간신앙은, 제도적인 신앙체계가 주를 이루는 오늘날에도 여전히 중요한 자리를 차지하고 있고 그 흔적은 우리 사회 곳곳에서 쉽게 찾아볼 수 있다. 따라서 민간신앙은 시·공간을 초월하여 문화사회의 도처에 존재하는 생활양식의 발현이라고 할 수 있으며, 이러한 의미에서 민간신앙을 그 행위가 이루어지는 무대인 지역과 연관지어 공간적으로 해석하는 것은 비단 학문적인 측면뿐만 아니라 최근 들어 활발하게 진행되고 있는 지역문화의 발굴과 전통의 복원이라는 측면에서도 중요한 의미를 갖는다.

이에 이 주제는 우리나라의 전통마을에 나타나는 민간신앙의 특성을 공간적 관점에서 해석하는 것을 주목적으로 설정하였으며, 이를 위해 다음과 같은 내용을 보고자 하였다. 첫째, 우리나라 전통마을에 나타나는 공동체 신앙의 의미를 이론적으로 고찰하였다. 이를 위해 취락의 한 형태로서 마을이 갖는 의미와 공동체 신앙과의 관계를 문헌고찰을 중심으로 분석하고 정리하였다. 둘째, 연구지역인 방촌마을의 공동체 신앙의 특징과 공간적 분포를 고찰하였다. 이를 위해 방촌마을의 현지조사 및 고문헌 분석을 통하여 전통 문화마을로 지정된 방촌마을의 형성과정을 정리하고, 현지측량과 지리정보기법(GIS) 분석을 통하여 공동체 신앙의 위치 및 분포를 파악하였다. 셋째, 방촌마을의 공동체 신앙이 갖는 공간적인 의미를 해석하였다. 이를 위해 앞서 고찰한 마을의 발달과정과 공동체 신앙의 공간적 분포, 시기별 지형도를 비교·분석하고 그 결과가 대상지역에서 갖는 의미를 분석하였다.

1) 대상지역

대상지역으로 설정된 방촌마을은 행정구역상으로는 전라남도 장흥군 관산읍 방촌리에 위치한 7개의 마을이 중심이 된 전통취락이다. 대상지역인 방촌마을은 고려시대까지만 해도 장흥부 읍치소가 위치해 있던 장

흥군의 중심지였으며, 장흥 위씨의 집성촌으로 더 잘 알려진 곳이다(冠
山邑誌, 1789). 지형적으로는 남서쪽에 장흥의 명산인 천관산이 위치해
있고, 남동쪽으로는 보성만을 경계로 고흥군과 인접하여 있다(그림 4-
42). 전체적인 지세는 천관산에서 발원한 해발고도 350~400m의 산지로
동·서·북이 폐쇄되어 있고 중앙부에 나지막한 구릉지와 평야가 발달
해 있는 전형적인 산간분지 형태를 나타내고 있다.

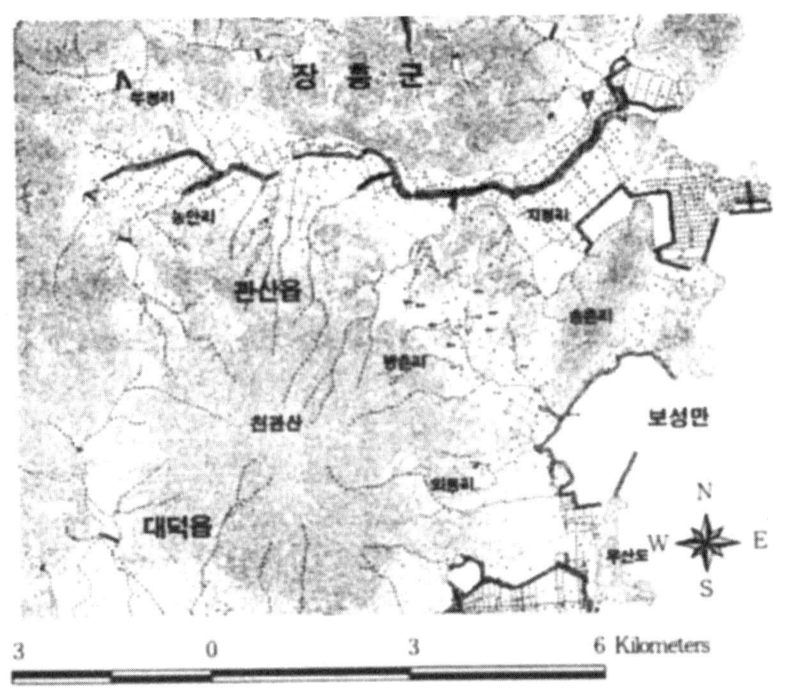

〈그림 4-42〉 대상지역의 위치와 주변 지형

방촌마을은 1993년에 당시 문화체육부(이하 문화부)가 시범문화마을로
지정한 마을로 더 잘 알려져 있다. 시범문화마을은 문화부가 지역 고유
의 전통과 채취가 살아 숨쉬는 마을을 정부 차원에서 지정, 육성함으로
써 향토문화의 보존 전승과 애향정신을 고취하고, 지역의 문화적 특성을

공유하는 공동체 의식을 진작시키고자 시행하고 있는 사업이다. 이러한 점에서 보았을 때에 방촌마을이 시범문화마을로 지정된 근거로는 첫째, 호남실학의 대가인 위백규(魏白奎)의 생가 마을이라는 점, 둘째, 중요민속자료와 지방민속자료로 지정된 민속가옥이 많이 산재하여 전승 및 보존할 필요가 있다는 점, 셋째, 마을에서 300년 이상 지속되어온 마을 자치조직과 공동체 신앙이 전승되어 오고 있다는 점을 들 수 있다(장흥군 방촌마을 편찬위원회, 1997). 따라서 연구지역은 전통마을의 공동체 신앙을 주제로 하는 대상의 사례지역으로서 적합한 지역이다.

2. 전통 마을과 공동체 신앙

1) 전통 마을에서 공동체 신앙이 갖는 의미

'집'이 가족의 생활 공동체라면, '취락'은 가족을 포함한 친족이나 이웃 사람들과 지연(地緣)을 함께 하는 넓은 의미의 생활 공동체이다. 즉, 취락은 친족, 친구, 가족 등의 구별을 초월하여 같은 지역에 거주한다는 공동의식을 갖고 살아가는 생활공동체로서, 개별적인 의식보다는 집단의식이 중요시되고, 개인의 가치보다는 집단적인 가치를 중시하는 삶의 협력체라고 할 수 있다(홍경희, 1987). 여기서 '마을'이라는 개념은 공동체를 이루고 있는 구성원의 심리적인 공간감이 더 크게 표출되는 생활 공간으로서, 현대적인 개념의 행정구역으로 정의되는 취락과는 공간적인 관점에서 차이가 난다고 할 수 있다. 결국 마을은 '우리' 또는 '동네'라는 정(情)적인 개념이 더 진하게 베어있는 정치·경제·사회·문화 공동체라고 할 수 있다.

따라서 오랜 전통사회 속에서 마을에 뿌리내리고 전승되어 온 공동체 신앙은 마을이라는 공간을 점유하고 발현되었다는 점에서, 문헌이나 기록으로 표현되지 못한 마을 구성원의 전통적인 공간인식을 내재하고 있다고 할 수 있다. 또한 마을을 중심으로 이루어지는 공동체 신앙은 지리·역사적 환경 및 사회·경제적인 구조에 따라 그 목적이 달라지는 것은 물론 그 형태 역시 다양하게 나타나기 때문에, 특정 지역의 공동체 신앙은 그 지역의 지역성을 직·간접적으로 반영하고 있다고 할 수 있다(표인주, 1996). 결국 전통 마을에 나타나는 공동체 신앙은 마을 구성원의 민속학·인류학적인 행태(behaviour)라는 측면을 넘어서, 과거 전통 사회의 공간인식과 구조, 나아가 지역성을 반영하는 중요한 자료라고 할 수 있다.

2) 마을 공동체 신앙의 분류와 의미

민간신앙의 한 형태로서 분류되고 있는 공동체 신앙은 민간신앙의 한 형태로서, 개인신앙과 대별되는 집단신앙의 개념으로 이해할 수 있다. 일반적으로 개인신앙은 가택신앙, 고시레와 같이 개인이나 가족 단위로 이루어지는 신앙체계를 의미하는 반면, 집단신앙은 입석, 마을제(당산제 또는 별신제)와 같이 마을 단위로 이루어지는 신앙체계를 의미한다. 따라서 본 연구의 대상은 민간신앙 중에서 공동체 신앙, 그 중에서도 마을의 공간적 상징물(symbol)인 입석과 행위 자체인 별신제라고 할 수 있다.

〈표 4-43〉 민간신앙에서 공동체 신앙이 갖는 의미

대 분 류	소분류	행위주체	종 류
민간신앙	개인신앙	개인 또는 가족	가택신앙, 고시레
	공동체 신앙	마을 또는 취락	입석, 마을제(당산제 또는 별신제)

(1) 입석

입석(立石, menhir)이라고 하는 것은 어떤 믿음의 대상물, 또는 특수한 목적을 구현하기 위하여 자연석이나 그 일부를 가공한 큰 돌을 세운 돌기둥을 말하는 것으로(한국정신문화연구원, 1994), 선돌(서 있는 돌), 입암(立岩), 장수지팡이, 돌장승, 수구막이, 수살, 탑 등의 여러 명칭으로 불린다. 입석은 거석문화의 한 형태인 거석 숭배의 대상이라고 할 수 있는데, 이는 동남아시아는 물론 유럽 등지에서도 보이는 보편적인 현상이며, 형태론적으로는 남방의 거석문화 계열에 속한다(표인주, 1996). 지금까지 입석에 대한 연구는 그 형태와 기능에 관심을 보인 고고학적인 측면과 입석과 관련된 의례에 관심을 보인 민속학적인 측면에서 많이 이루어졌다. 입석의 형태 분류는 첫째, 자연석을 수직으로 땅에 세워 놓은 입석과 적석(積石) 위에 세워 놓은 입석으로 분류하는 방법, 둘째, 적석 위에 세운 입석은 조탑의 한 형태로 분류하는 방법이 있다. 입석의 모양은 일반적으로 둥근 뿔 모양이 주를 이루지만, 이 외에도 둥근 기둥 모양, 모난 뿔 모양, 모난 기둥 모양 등으로 다양하게 나타나기도 한다. 그 규모는 일정하지 않지만, 주로 인공에 의해 세워진 높이 1~2m인 경우가 대부분을 차지하고, 간혹 높이 6~7m 규모의 기둥 모양의 큰돌이 나타나기도 한다(표인주, 1996).

지금까지의 연구에 의하면 우리나라의 입석이 가지고 있는 기능은 크게 두 가지로 분류할 수 있다. 첫째는 풍수설에 근거한 비보적 기능이다. 인간이 부정적인 자연의 요소를 극복하기 위한 방편으로 삶의 터전을 바꾸어 나가기 위하여 행한 비보는, 지역의 허한 곳을 보완하여 땅의 기운을 회복하고 왕성하게 만들어 지덕을 얻고자 하는데 그 목적이 있다(최원석, 2002). 이와 관련하여 보았을 때에 입석이 갖는 비보적 기능은 크게 수구막이, 수살막이, 배 형국, 성기 형국 등으로 나누어 살펴볼 수 있다. 둘째는 종교적 기능으로, 입석의 풍수적 기능이 종교적 기능으로 확대되어진 것을 말한다. 이는 마을의 제(당산제 또는 별신제)를 모실 때 함께 신으로 생각하여 제를 모시거나 혹은 입석 자체를 신으로 상정하여 모시는 경우가 해당된다.

(2) 별신제

별신제는 마을제의 한 형태로 마을 공동으로 마을의 평안과 안녕을 위해 마을의 수호신에게 제사를 지내는 마을제의 한 유형이다. 이러한 마을제는 크게 당산제와 별신제로 구별되는데, 당산제는 마을의 신으로 모시는 당산나무에 제를 지내는 반면, 별신제는 당산나무 이외의 별도의 신에게 제를 지낸다는 점에서 차이가 나타난다. 별신제의 외부적인 특징은 크게 두 가지에서 찾아볼 수 있는데,. 하나는 허제비를 만드는 것이고 다른 하나는 축문(祝文)에 나타나는 문구이다. 일반적으로 별신제를 지낼 때에는 구체적인 신격을 대신해 어떤 형상을 만드는데, 신격을 나타내기 위해 만든 것이 바로 허제비이다.

별신제는 특별히 2년 또는 5년, 10년 단위로 행하기도 하고, 마을에 따라서는 연중행사로 행하기도 한다. 특별히 크게 준비하는 별신제는 그 기간도 길어서 보름 정도까지 행하기도 하지만, 작은 마을의 별신제는 하루 정도로 끝난다. 그러나 기간에 상관없이 준비기간은 상당한 시일을 요한다. 제 하루 전날에는 제물을 장만하는 화주집에 금줄과 황토흙을 깐다. 금줄은 왼새끼를 고와 만드는데, 이는 우리 민족 관념에 자리하는 왼손, 틀림, 신 등의 관념에 의한 것이다. 황토 또한 붉은 색을 띠는 벽사(辟邪)의 의미를 갖는데, 동짓날 붉은 팥으로 동지죽을 만들어 벽에 뿌리는 것과 그 맥을 같이 한다고 하겠다.

별신제를 모실 때에는 보통 따로 신을 모실 자리를 만들게 되는데, 이는 신이 좌정하는 자리를 의미한다. 이렇게 별신제를 지내게 되면 마을 사람들 모두가 참여하게 되는데, 이는 마을의 공동 축제가 된다. 제를 지낼 때에는 궁물(풍물)을 치기 시작하는데, 마을의 우물과 입석에 먼저 가서 치게 된다. 이는 마을에서 가장 중요한 곳에서 제를 시작함을 알리는 것이다. 제를 지내는 순서는 유교적 제사절차와 같다. 제가 끝난 후에는 음식으로 음복을 함, 마당 밟기 등을 행한다. 별신제를 지낼 때 만든 특별한 신체(예를 들면 허제비)는 제가 끝나는 시점에서 버리게 된다.

3. 방촌마을의 형성과정과 공동체 신앙의 공간적 분포

1) 방촌마을의 형성과정

방촌마을은 크게 7개의 자연마을로 구성되어 있으며(그림 2), 각각의 마을들의 형성과정은 시·공간적으로 차별성을 가지고 나타났다. 풍수지리적 관점에서 보았을 때, 방촌마을은 주산을 서남쪽의 천관산으로 하고 안산으로는 상잠산을 두었으며, 전체적인 형국은 배 형국을 띠고 있다고 알려져 있다. 앞서 언급하였던 것과 같이 방촌마을은 장흥 위씨의 집성촌으로 우리에게 더 잘 알려져 있는데, 초기에는 주산을 바라보는 안산 기슭에 마을이 조성되었고, 이후 차츰 분가 과정을 통해 서쪽의 천관산 아래로 이동하게 되었다. 여기서 한가지 짚고 넘어가야 할 사항은 오늘날의 1:25,000 지형도에 나타난 마을의 위치 및 명칭과 마을 자체에서 칭하는 위치 및 명칭이 다르게 나타난다는 사실이다. 따라서 방촌마을을 구성하고 있는 7개 마을의 형성과정을 살펴보는 것은 전통 사회의 공간구조를 추적할 수 있는 중요한 작업이 될 것이다.

내동마을은 방촌의 안산인 상잠산 서쪽 45~60m 내외의 구릉지 사이에 1600년대 초반부터 형성된 마을로 방촌의 7개 자연마을 중 제일 역사가 오래된 마을이다. 따라서 마을 동쪽인 이곳부터 장흥 위씨의 마을 터가 형성되기 시작하였으며, 이후 계속하여 계춘, 신기, 호동마을 등으로 확장되기 시작하였다. 이 마을의 주거지 형성과정은 1600년대 초반 위씨 일가들이 최초로 정착한 이후 마을 영역의 확산과 함께 지금의 모습으로 정착되었다. 이 마을의 중심에는 과거 고려 말 장흥부의 읍치소가 자리를 잡고 있었으며, 현재도 그 터를 기리는 기념비가 위성렬(委成烈)가옥 자리에 남아있다. 따라서 내동마을이 방촌마을의 시작점이자 공간적으로 핵심의 역할을 하였다는 사실을 간접적으로 알 수 있다.

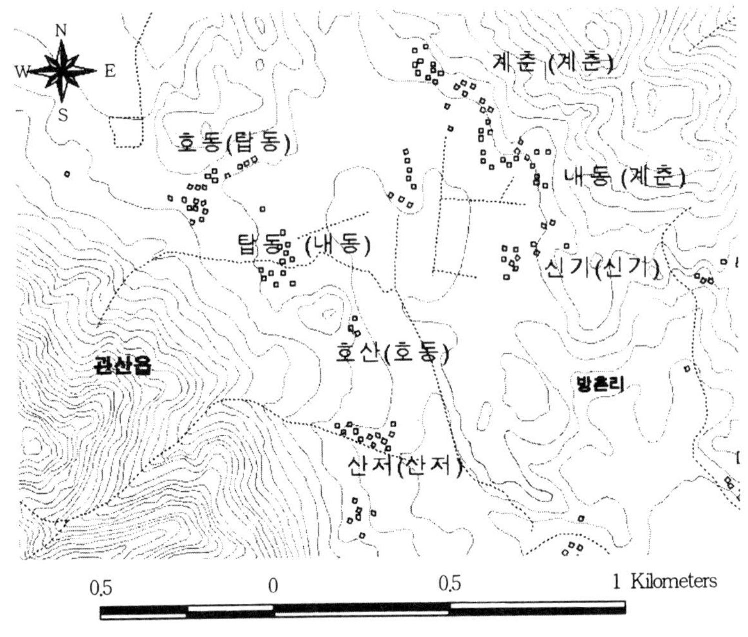

〈그림 4-43〉 방촌마을의 공간적 분포
(괄호 안의 이름은 1:25,000 지형도상의 이름으로 전통 사회의
이름과 오늘의 이름이 다름을 알 수 있다)

계춘마을은 내동마을과 연결되어 상잠산 약간 깊숙한 곳에 터를 마련한 마을이다. 이 마을의 주거지 형성과정은 1600년대 말에 현재의 위계환(委桂煥)가옥의 자리에 위씨 일가가 정착된 후 1700년대~1900년대 초반을 거치면서 정착된 마을이다. 이 마을은 사회적으로 위계가 높은 가옥이 경사지 마을에서 위쪽에 입지하는 조선시대 동족마을의 일반적인 원형이 잘 지켜진 곳이다. 특히 현재 남아있는 위계환(委桂煥)의 가옥터는 방촌마을 동쪽의 내동, 계춘, 신기마을 전체에서 가장 돋보이는 곳으로 알려져 있다(장흥군 방촌마을 편찬위원회, 1997).

신기마을은 내동 및 계춘마을과 달리 집촌이 아닌 산촌의 형태를 띠고 있다. 이 마을의 주거지는 마을 이름이 지시하고 있듯이, '새터'로서

1800년대 말에 조성된 곳도 있고 1900년대 초에 조성된 곳도 있다. 그러나 1700년대 초에 형성된 가옥터가 있는 것으로 보아 1800년대 이전에 소규모로 입지를 하였다는 사실도 알 수 있다. 이 마을의 형성과정은 현재의 위봉환(委奉煥)가옥의 자리에 위씨 일가가 소규모로 정착한 후 현재의 마을로 정착하였다.

호동마을은 천관산의 지맥이 북쪽으로 이어지면서 다시 약간 솟아오른 해발고도 80.5m의 구릉지 위에 위치하고 있는 마을이다. 마을 전면으로는 천관산 등산로와 이어지는 길이 나 있으며 전면에는 넓은 농경지가 나타난다. 이 마을은 안 길을 중심으로 가옥들이 위쪽과 아래쪽으로 분산되어 나타나는데, 아래쪽의 마을이 위씨 일가가 먼저 이주한 곳으로 알려져 있다. 이 마을의 입향조(入鄕祖)가 최초로 자리를 잡은 곳은 현재의 위성탁(委成卓)가옥의 자리이다.

탑동마을은 천관산의 완사면 아래의 평지에 입지한 마을로, 탑동과 호산마을 사이에 위치하여 있다. 마을 전으로는 멀리 신기마을이 보이고 신기마을과의 사이에는 넓은 농경지가 분포한다. 한편 이 마을은 위씨가 입향하기 이전부터 다른 성씨들에 의하여 이미 마을이 형성되었는데 다른 성에 의해 형성된 부분은 마을의 북쪽으로 위씨의 마을은 남쪽으로 확장되었음을 알 수 있다. 이 마을의 위씨의 최초 입향은 1700년대 중엽 존재공의 둘째 아들이 이 곳으로 분가하면서 이루어졌다.

호산마을은 천관산 성주계곡 아래의 고도 70m 내외의 구릉지 사면에 형성된 마을로 7개의 마을 가운데에 그 규모가 가장 작은 마을이다. 마을 바로 앞으로는 837번 지방도로가 70년대 이후 건설되었다. 이 마을은 위백규(委白奎)의 줄째 아우인 위백신(委白信)이 분가하여 처음으로 형성된 약 250년의 역사를 가진 마을로, 구릉지 사면에서 현재의 지방도로로 마을의 확장이 이루어진 곳이다.

산저마을은 천관산 서쪽의 성주골이 멈추는 고도 40~50m 내외의 산사면에 위치하고 있는 마을이다. 이 마을은 한 곳에 형성되어 있지 않고 두 곳으로 분산되어 있는데, 하천을 중심으로 북쪽과 남쪽에 위치하고 있다. 두 마을 사이에는 하천을 끼고 넓은 논이 펼쳐져 있으며, 남쪽의 마을은 고려시대에 입지한 타성 사람들이 중심이 되고 북쪽의 마을은 이후 입지한 위씨 사람들이 중심이 되는 마을이다.

이와 같이 연구지역인 장흥 방촌마을은 시기와 형성과정은 약간의 차이가 있을지언정, 장흥 위씨의 정착과 분가, 재분가 등의 과정을 거치면서 형성된 동족촌으로서, 전형적인 마을 공동체의 특징을 가지고 있다고 할 수 있다.

2) 공동체 신앙의 위치 및 공간적 분포

다음에서 살펴본 방촌마을의 공동체 신앙은 크게 입석과 별신제로 나누어 생각할 수 있다. 이와 같은 방촌마을 공동체 신앙의 특징을 공간적으로 해석하기 위해서 1개의 돌장승과 6개의 입석, 그리고 별신제의 제터와 허제비골로 대표되는 방촌마을 공동체 신앙의 위치와 분포를 파악하였다.

〈표 4-44〉 방촌마을 공동체 신앙의 위치분석을 위한 좌표

공동체 신앙	경위도 좌표		TM 좌표	
	위도	경도	X 좌표	Y 좌표
돌장승	34, 33, 03.2	126, 56, 42.0	194733.820	117177.530
입석 1	34, 32, 47.2	126, 56, 39.4	194569.360	116684.170
입석 2	34, 32, 44.2	126, 56, 34.9	194633.370	116321.200
입석 3	34, 32, 44.2	126, 56, 41.7	194829.070	116315.340
입석 4	34, 32, 38.6	126, 56, 43.1	194891.530	116142.160
입석 5	34, 32, 38.1	126, 56, 45.1	194831.710	115920.630
입석 6	34, 32, 51.6	126, 56, 51.3	195133.210	116805.550
별신제터	34, 32, 42.8	126, 56, 51.6	194892.110	116770.420
허제비골	34, 32, 18.2	126, 56, 58.5	195289.830	115748.340

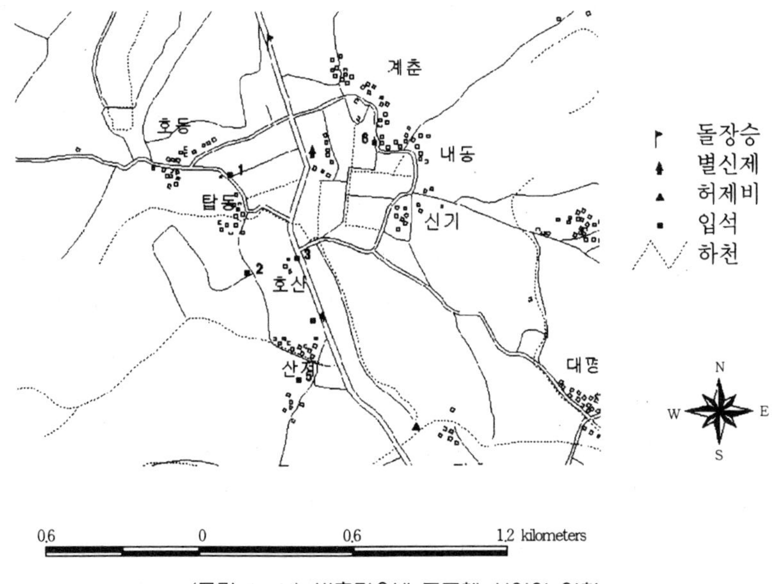

〈그림 4-44〉 방촌마을내 공동체 신앙의 위치

(1) 입석과 돌장승

흔히 입석의 발전된 형태로 분류되는 돌장승은 방촌마을을 남북으로 관통하는 837번 지방도로의 양안에 위치하고 있다. 이 돌장승은 크게 진서대장군과 미륵석불의 두 가지 형태로 나누어지는데, 진서대장군의 규모는 높이 235cm, 두께 40cm, 미륵석불의 경우 높이 197cm, 두께 48cm 이다. 그리고 돌장승의 북쪽 전면으로는 하천이 흐르고 있었는데, 돌장승의 위치는 행정구역상으로는 방촌리와 죽교리의 경계지점이다.

입석 1은 탑동과 호동 마을을 연결하여 형성된 마을도로와 탑동마을 전면의 논 가운데를 관통하고 있는 소도로의 결절점에 위치하고 있다. 주목되는 점은 호동마을의 가옥 가운데 문화제로 지정된 위성탁(魏成卓)가옥과 인접하여 나타난다는 사실이다. 규모는 높이 187cm, 두께 41cm이다. 입석 2는 논을 관통하여 탑동과 호산마을을 연결하는 마을도로와 탑동과 호산마을 중간의 마을도로가 만나는 지점에 위치하고 있었다. 규모는 높이 178cm, 두께 51cm이다. 입석 3은 호산마을 우측의 837번 지방도로 가장자리에 위치하고 있다. 규모는 높이 234cm, 두께 79cm로 6개의 입석 가운데에서 그 규모가 가장 크다. 입석 4는 호산마을과 산저마을 사이에 형성되어 있는 과수원 사이 제방도로 위에 위치하고 있다. 규모는 높이 192cm, 두께 59cm이다. 입석 5는 산저마을을 양분하는 하천변 제방 위에 위치하고 있으며, 규모는 높이 144cm, 두께 43cm이다. 입석 6은 내동마을과 계춘 마을의 연결하여 형성된 마을도로의 중심부에 위치하고 있는데, 나머지 5개의 입석에 비교할 때 그 규모가 비교할 수 없을 만큼 작은데, 높이 30cm, 두께 10cm에 불과하다. 마을 주민의 인터뷰 결과에 의하면 방촌마을에 현재 위치해 있는 입석 가운데에서 입석 6이 가장 오래된 입석이며, 그 연대를 제대로 알고 있는 사람이 현재는 생존하고 있지 않다고 한다(57세, 농업).

(2) 별신제터와 허제비골

방촌마을의 마을제는 당산나무에 제를 지내지 않고 별도의 신을 상징하는 허제비를 만들어 지낸다는 점에서 별신제라고 할 수 있다. 따라서 방촌마을의 별신제와 관련된 공간적 해석은 크게 별신제를 지내는 장소, 즉 별신제터와 제가 끝난 후 허제비를 버리는 허제비골로 나누어 수행할 수 있다. 방촌마을에서 정월 대보름에 지내는 별신제터는 현재의 마을회관이 있는 곳으로, 지형적으로는 계춘마을과 내동마을 전면부의 완사면 구릉지이며 입석 6과 인접한 곳이다. 837번 지방도로를 경계로 보았을 때에는 도로의 동쪽에 위치하고 있는데, 이는 방촌마을 내에서도 동쪽마을과 서쪽마을 사이에는 나름대로의 계급 구분이 있었음을 지시하는 것으로 사료된다.

별신제 후 허재비를 버리는 허제비골은 837번 지방도로의 남쪽에 위치하고 있는데, 이 지점은 방촌마을을 남북으로 관통하여 흐르는 1차수 하천과 천관산 연태봉(煙台峰, 723.1m)에서 발원하여 흐르는 1차수 하천의 합류 지점이다. 이 지점에서 합류된 물은 2차수 하천을 이루면서 남동쪽의 평촌마을과 대평마을 사이를 관통하여 바다로 유입되어 갯골을 형성한다. 현재의 행정구역으로 보면 허제비가 흘러나가는 최종지점에는 낭끝애라는 마을이 형성되어 있다. 이 마을은 송촌 방조제 건설 이후 활성화된 마을로 전통사회에서는 어패류를 방촌마을에 공급하는 역할을 하였다고 한다.

4. 방촌마을 공동체 신앙의 공간적 해석

1) 입석과 돌장승의 공간적 의미

앞서 살펴 본 입석과 돌장승의 위치 및 분포를 방촌마을의 형성과정과 관련하여 논의하면 다음과 같은 해석을 내릴 수 있다. 방촌마을에 분포하는 6개의 입석 공간적 특성은 마을과 마을 사이의 도로 주변에 위치하고 있다는 점이다. 특히, 방촌마을을 남북으로 관통하는 837번 지방도로보다는 1920년대 이전부터 있었던 마을길과 더 밀접한 공간적 상관관계를 갖고 있음을 알 수 있다(그림 4-44). 이러한 사실은 방촌마을의 입석이 적어도 1900년대 이전에 세워졌다는 사실에 비추어 볼 때, 인위적 경관변화 이전의 방촌마을의 공간구조를 파악할 수 있는 자료가 된다고 판단된다.

따라서 방촌마을에 분포하는 입석의 첫 번째 공간적 의미는 마을 사이의 영역 또는 나름대로의 경계지점을 표시하는 전통사회 주민들의 공간인식의 표현물이라고 해석할 수 있다. 그러나 이와 같은 경계표시는 당시의 사회·경제적인 구조로 보았을 때에는 다분히 심리적인 측면이 더 강하게 표시된 것으로, 실제적인 생활구역의 경계와는 거리가 먼 것으로 생각된다. 그 근거로는 방촌마을의 경제적 토대가 되었던 농경지는 7개 마을의 중간지점에 형성되어 있고, 이를 공유하면서 농경생활을 하였다는 사실을 들 수가 있다(현지주민 인터뷰, 농업, 65세).

개개 입석의 공간적 의미를 살펴보면, 입석 1은 호동마을과 탑동마을 사이의 마을 도로 위에 있는 점으로 미루어 두 마을 사이의 경계를 표시하고, 입석 2는 탑동마을과 호산마을 사이의 마을 도로 위에 위치한 점으로 미루어 두 마을 사이의 경계를 표시하는 것으로 해석할 수 있다. 입석 3은 현재의 837번 비장도로 위에 위치하고 있는 점으로 미루어 가장 규모가 작은 호산마을의 외곽경계를 나타내는 것으로 생각할 수 있다. 그러나 이 입석이 형성되었을 것으로 추정되는 시기에는 837번 국도가 건설되기 전이라는 점을 감안하면, 이 입석이 위치한 지점이 당시 방촌 사람들 사이에서 방촌마을의 동쪽과 서쪽을 구획하는 심리적인 경계지점이었다는 것을 지시하는 것으로 사료된다. 입석 3은 다른 입석에 비해서 상대적으로 규모가 큰데, 이는 가장 규모가 작은 마을이라는 특징 때문에 "여기서부터는 호산마을이다"라는 표식의 역할을 하기 위한 것으로 해석할 수 있다.

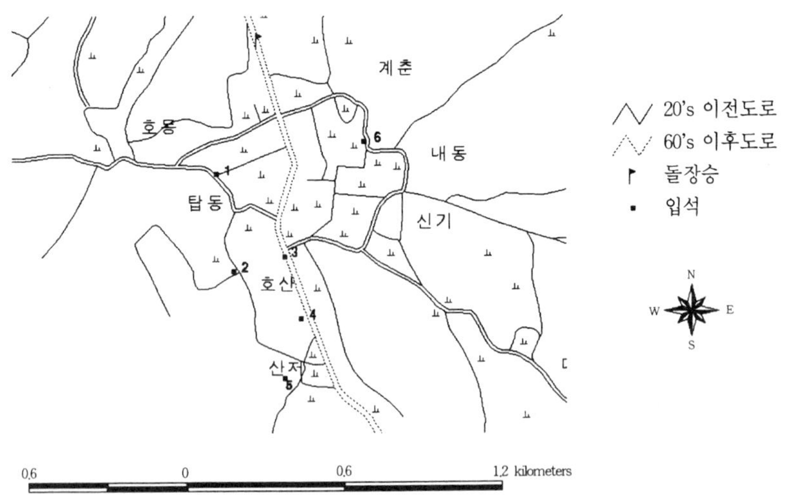

〈그림 4-45〉 방촌마을의 입석 및 돌장승과 도로의 관계

입석 4는 호산마을과 산저마을 사이의 마을도로 위에 있는 점으로 미루어 두 마을 사이의 경계를 표시하는 것으로 해석할 수 있다. 입석 5는 나머지 5개의 입석과는 달리 산저마을의 중앙부 마을도로에 위치하고 있는데, 이는 3장에서 살펴본 방촌마을의 형성과정과 관련이 있는 것으로 사료된다. 즉, 산저마을은 가운데에 비교적 넓은 하천과 논을 끼고 장흥 위씨 사람들과 타성 사람들의 마을로 대별되기 때문에, 산저마을의 입석은 이러한 성씨 관계를 구분하기 위한 것으로 해석할 수 있다. 입석 6은 계춘마을과 내동마을 사이의 경계를 나타내며, 동시에 전통사회 방촌마을을 상징적으로 나타내주는 것으로 해석할 수 있다. 또한 입석의 발전된 형태로 평가되는 돌장승은 현재의 죽계리와 방촌리의 행정구역 경계와 일치하는 점으로 미루어 보아, 방촌마을의 입구 경계를 표시하는 것으로 해석할 수 있다. 이러한 해석은 우리나라의 전통마을의 경우 마을 경계 부분에 마을을 지키는 수호신으로서 장승을 세워둔다는 민속학적인 견해와도 일치하는 것으로 해석할 수 있다.

방촌마을에 분포하는 입석의 두 번째 공간적 의미는 전통사회에서의 마을의 중심공간(core), 또는 세력권을 표현하는 것으로 해석할 수 있다. 제3장의 형성과정에 대한 고찰에서도 살펴보았듯이, 방촌마을의 형성과정에서 역사가 가장 오래된 마을은 내동마을과 계춘마을이다. 이런 관점에서 내동마을과 계춘마을 사이에 위치해 있는 입석 6은 중요한 의미를 갖는다. 입석 6이 나머지 입석과는 달리 그 규모가 크지 않은 것은 내동마을이 입지한 초창기 시절에는 다른 마을들의 발달이 없거나 미약하였고, 따라서 마을의 경계를 구획하는 의미가 크게 부여되지 않았을 가능성이 크다. 따라서 별신제를 지내는 내동마을 앞의 입석 6은 계춘마을과의 경계라는 의미보다는 방촌마을 전체의 중심이라는 상징적인 의미가 더 크다고 할 수 있다. 실례로, 별신제를 지낼 때 궁물을 치는 입석이 바로 내동마을의 입석 6이라는 사실은 이를 증명한다고 하겠다.

2) 별신제터와 허제비골의 공간적 의미

방촌마을에서 행해지는 별신제와 관련된 별신제터와 허제비골의 공간적 의미를 살펴보면 다음과 같다. 첫째, 별신제터는 7개 마을의 형성 과정과 관련하여 해석해 볼 때, 방촌마을의 중심지라는 공간적 의미를 갖는다고 할 수 있다. 물론 여기서의 중심지 개념은 현대적 이론의 중심지라기보다는, 전통사회 사람들의 심리적 차원의 중심지라는 의미라고 할 수 있다. 앞서 살펴본 바와 같이, 별신제는 마을의 평화와 안녕을 기원하고 이를 통하여 마을 사람들을 통합하며, 마을의 위계질서를 바로 잡는데 그 목적이 있다. 그리고 별신제를 지내는 터는 마을 사람들에게 있어서는 신(神)이 좌정하는 자리로 인식되어 있기 때문에, 전통마을의 별신제터는 마을의 핵심적인 공간이면서 동시에 마을의 실질적인 권력의 공간으로 인식할 수 있다.

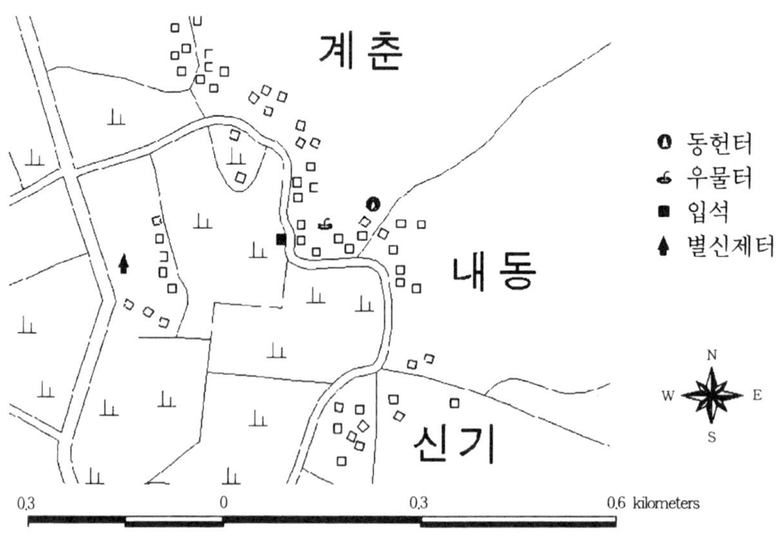

〈그림 4-46〉 방촌마을 중심지인 내동마을의 공간구조

따라서 방촌마을의 경우 내동마을이 실질적인 핵심공간이었음을 짐작할 수 있다. 이러한 해석은 내동마을이 가장 역사가 오래된 마을이라는 사실과 함께 고려 말의 동헌터가 있던 자리가 내동마을이라는 사실에서도 알 수 있다. 이를 뒷받침하는 사실은 방촌마을의 우물터에서도 알 수 있다. 일찍이 방촌마을 사람들은 자신들의 마을의 형국을 배 형국이라고 믿었으며, 이에 근거하여 마을에 우물을 파는 것을 상당히 꺼려한 것으로 전해지고 있다. 따라서 전통사회의 우물터는 방촌마을의 핵심공간이자 신성화된 공간으로 해석할 수 있다. 이런 의미에서 마을에서 가장 오래된 우물터가 바로 내동의 중심이라는 사실도 내동마을의 공간적 의미를 지시하는 것이라고 할 수 있다(그림 4-46).

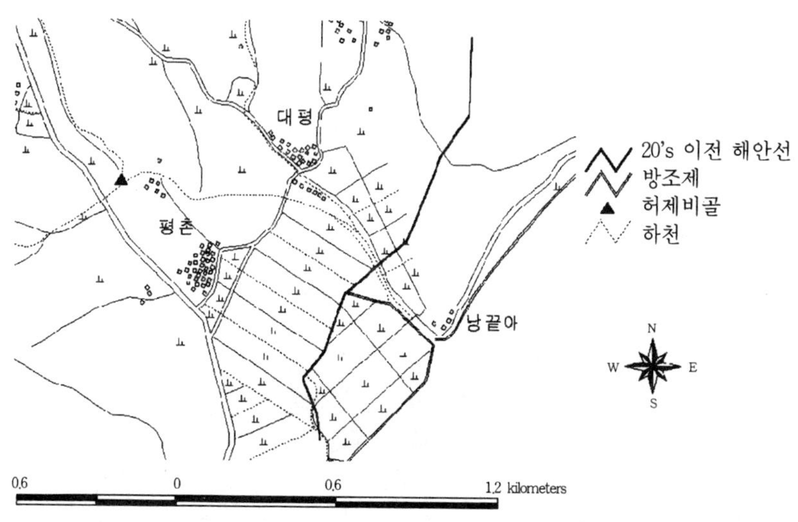

〈그림 4-47〉 방촌마을의 외곽 경계로서의 허제비골

둘째, 허제비골의 공간적 의미는 마을의 끝 경계를 의미하는 것으로 해석할 수 있다(그림 4-47). 일반적으로 별신제의 제일 마지막 순서는 허제비를 버리는 것인데, 이 과정에서 허제비를 버리는 사람은 버린 후

뒤도 돌아보지 않고 돌아온다. 공동체 신앙에서 허제비를 버리는 이유
는 마을의 1년 동안에 있을 나쁜 액을 대신 가져가기를 기원하기 때문
이다(이주승, 1997). 따라서 마을의 경계 밖에 허제비를 버린다는 의미는
허제비라는 신이 마을의 나쁜 액을 모두 가져가 물리쳐 달라는 의도라
고 해석할 수 있다. 따라서 하천의 합류지점인 방촌마을의 허제비골이
바로 방촌마을의 외곽 경계라는 것을 알 수 있다. 지형도상에서 보게 되
면, 이 허제비골의 하천은 평촌마을과 대평마을을 관통하여 바다로 빠
지게 되는데, 이를 통해 볼 때 과거 전통사회에서는 오늘날의 대평마을
이나 평촌마을이 존재하지 않았을 가능성이 매우 높다. 실제로 현지 조
사 결과, 현재의 대평마을과 평촌마을에는 위씨가 거주하지 않고 있는
것으로 나타났으며, 아직까지도 위씨 사람들과 두 마을 사람들 사이에
는 감정적인 앙금이 남아있는 것으로 확인되었다(어업, 69세).

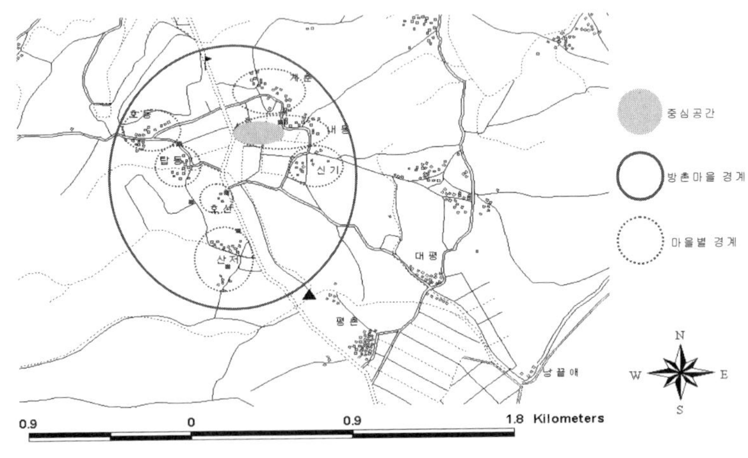

〈그림 4-48〉 공동체 신앙을 통해 본 방촌마을의 공간구조

결론적으로 방촌마을 공동체 신앙은 크게 마을과 마을의 경계 표시(입
석 1·2·4·5·6), 마을의 존재를 외부에 알리는 기능(입석 3), 마을의 중

심지 표시(입석 6, 별신제터), 마을의 입구와 외곽 경계 표시(돌장승과 허제비골)라는 공간적인 의미를 갖는 것으로 해석할 수 있다(표 4-45). 따라서 전통마을에 나타나는 공동체 신앙은 민속학적인 측면에서 해석하는 신앙과 상징이라는 의미 이외에, 과거 전통사회 자연마을의 공간구조를 파악하게 해주는 지시자 역할을 한다고 할 수 있다(그림 4-48).

<표 4-45> 방촌마을 공동체 신앙의 공간적 의미

공동체 신앙	공간적 의미	공동체 신앙	공간적 의미
돌장승	방촌마을의 입구 경계 표시	입석 5	산저마을내 성씨가 다른 소마을의 경계 표시
입석 1	호동과 탐동마을의 경계 표시	입석 6	내동과 계춘마을의 경계 표시, 방촌마을의 중심공간 표시
입석 2	탐동과 호산마을의 경계 표시	별신제터	방촌마을의 중심공간 표시
입석 3	호산마을의 존재 표시	허제비골	방촌마을의 외곽 경계 표시
입석 4	호산과 산저마을의 경계 표시		

5. 소 결

인간에 의해 형성된 공동체와 그 공동체를 중심으로 이루어지는 독특한 신앙체계는 인간이 특정 지역을 점유하고 살아가면서 자연스럽게 발현된 하나의 공간적 행태라고 정리할 수 있다. 따라서 민간신앙의 하나인 공동체 신앙은 마을이라는 공간을 점유하고 발현되었다는 점에서 전통 사회 마을 구성원의 공간인식을 내재하고 있다고 할 수 있다. 이에 본 연구에서는 우리나라 전통마을에 나타나는 공동체 신앙의 특성을 공간적 관점에서 해석하는 것을 주목적으로 설정하였으며, 연구지역으로는 전통문화마을로 지정된 전라남도 장흥군 방촌마을을 사례로 하였다. 본 연구의 결과는 다음과 같다.

첫째, 연구지역인 방촌마을은 내동, 계춘, 탐동, 호동, 호산, 산저, 신기의 7개 자연마을로 구성되어 있으며, 각각의 마을의 형성과정은 고려시대 이후 시공간적으로 차별성을 가지고 진행되어 왔다. 이 중 가장 오래된 마을은 내동마을로 고려 말까지 장흥부 동헌터가 있었던 실질적인 방촌마을의 중심공간이었다. 그리고 상대적으로 입지시기가 가장 최근인 마을은 신기마을이다.

둘째, 문헌 및 현지주민 인터뷰를 통하여 살펴본 결과, 방촌마을의 공동체 신앙은 크게 입석과 마을제로 분류할 수 있으며, 이는 다시 6개의 입석과 1개의 돌장승, 그리고 별신제를 모시는 별신제터와 별신제 후 허제비를 버리는 허제비골로 구분할 수 있다.

셋째, 공동체 신앙의 공간적 위치 및 분포를 통해 공동체 신앙의 공간적 의미를 해석할 수 있었다. 입석과 돌장승은 마을과 마을의 경계 표시, 마을의 존재를 외부에 알리는 기능, 마을의 입구 표시라는 공간적 의미를 갖는 것으로 해석할 수 있다.

넷째, 별신제와 관련된 별신제터와 허제비골의 경우, 별신제터는 전통사회 방촌마을의 중심공간의 표시, 허제비골은 마을의 끝 경계 표시로 해석할 수 있다. 따라서 허제비골의 외곽에 형성되어 있는 마을(평촌, 대평)은 전통사회에 있어서 방촌마을에 포함되지 않음을 알 수 있으며, 이는 해안지역의 인위적 경관변화와도 상관관계를 갖는 것이다.

결론적으로 전통마을에 나타나는 공동체 신앙은 민속학적인 측면에서 해석하는 신앙과 상징이라는 의미 이외에, 과거 전통사회 자연마을의 공간구조를 파악하게 해주는 지시자 역할을 한다고 할 수 있다.

VIII. 한국전통주거에 나타난 가택신앙과 공간구성 특성[46]

1. 서

주거란 사람이 거주하기 위한 물적 대상인 동시에 오랜 역사를 거쳐서 형성된 복합적인 문화의 산물이라 할 수 있다. 이러한 주거를 이해하기 위해서는 건축적 공간과 더불어 그 공간의 주체가 되는 거주자의 역사, 문화적 배경과 의미를 이해할 필요가 있는 것이다.

따라서 사람들의 세계관이 반영된 은유적 체계라고 할 수 있는 民間信仰을 통하여 한국전통주거공간의 의미와 구성을 고찰하고자 한다.

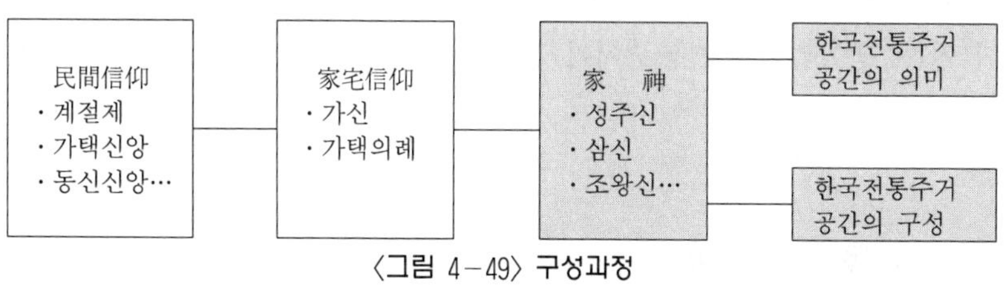

〈그림 4-49〉 구성과정

한국전통주거에 영향을 미친 요인은 크게 자연적 요인과 인문적 요인으로 나눌 수 있다. 이 중 인문적 요인의 하나인 民間信仰의 여러 형태 중 주거공간을 배경으로 형성된 家宅信仰을 통하여 한국전통주거공간을 이해하고자 한다. 家宅信仰은 각각의 주거공간내에 존재하는 家神과 그들과 그들이 좌정하는 공간에 대한 의례인 家宅儀禮의 형태로써 나타

---

46) 나하영, 천득염, 나경수, 손희하, 한국 전통주거에 나타난 가신신앙과 공간구성에 관한 연구, 건축역사연구, 2001.12, 10권 4호

나고 있는데, 家宅信仰에서 등장하는 家神을 통하여 한국전통주거공간
의 의미와 공간구성을 규명하고자 한 것이다.

2. 家宅信仰에 대한 고찰

1) 家宅信仰의 개념

家宅信仰은 공간적으로 대개 가내에 위치하는 신적 존재에 대한 신
앙[67]으로, 집이라는 건물 자체를 神體로 하거나 그 건물에 거주하면서
건물의 기능을 보호하는 동시에 그 공간에 사는 가족의 행과 불행에 관
계하는 신들에 대한 신앙이다.

이처럼 家宅信仰은 가정 단위의 신앙으로, 주거와 밀접한 관련을 갖
고서 주거공간이라는 배경 위에 성립된 가장 실제적인 民間信仰이라 할
수 있다. 따라서 家宅信仰은 거주자의 관점과 애착, 가족관 등이 반영되
어 있는 것으로 한국전통주거가 갖는 의미와 공간의 원리를 엿볼 수 있
게 하는 것이다.

2) 家宅信仰의 연원

家宅信仰의 역사적인 연원은 『三國志』 魏志 東夷傳에 나오는 고대
부족국가의 제천의례의 유습정도로 파악되고 있다.[68] 이것은 제천의례시
하늘의 天神에게 제사지내는 것을 통해 추정하는 것으로 天神은 모든
신의 근원적인 존재로서 天神信仰은 모든 신앙의 근원이기 때문이다.

---

67) 김태곤, 한국민간신앙연구, 집문당, 1983, 18쪽.
68) 고대민족문화연구소, 한국민속대계1, 1980, 685~690쪽.

3) 家神의 종류

家神은 天神, 人神, 雜神이라는 성격상 크게 上位神, 中位神, 下位神
으로 구분할 수 있으며 이는 다시 上位神에 속하는 성주신과 中位神에
속하는 삼신, 조왕신, 조상신, 측간신 그리고 下位神에 속하는 우마신,
도장지신, 수문신, 철륭신, 용왕신 등으로 나눌 수 있다.[69]

〈표 4-46〉 家神의 종류 및 좌정공간

位階	性格	家神	坐定空間	備考
上	天神	성주신	대청마루	호주
中	人神	삼신	안방	안주인
		조왕신	부엌	안주인
		조상신	사당	조상
		측간신	측간	첩
下	雜神	우마신	축사	소와 말
		도장지신	곳간	곡식
		수문신	대문	문
		철륭신	장독대	장
		용왕신	우물	물

3. 家神을 통해 본 전통주거공간의 의미

한국전통주거의 거의 모든 공간에는 신이 좌정해 있다. 따라서 家神들
의 위계 및 성격 등을 통하여 그 좌정공간의 의미를 파악해 볼 수 있다.

---

69) 김태곤, 한국무속연구, 집문당, 1982, 21쪽.
　　김태곤은 가신을 분류함에 있어 上·中·下의 위계 구분을 하고 있다. 본
　　연구 역시 표의 비고 부분을 통해 보았을 때 김태곤의 上·中·下의 위계
　　구분이 가능하다고 보며 이에 天神, 人神, 雜神의 성격을 기준으로 上·
　　中·下의 위계로써 가신을 구분하였다. 또한 家神의 종류에 있어 이외에도
　　업신, 터주신 등이 있으나 이들은 지역적 분포나 특성이 고르지 못한 이유
　　로 본 연구에서는 제외시켰다.

1) 上位神 － 天神의 공간

(1) 대청 － 城主神

대청마루는 안방과 건넌방 사이에 위치하여 이들 방으로 출입하는
전실 역할을 하며 방과 마당 사이를 연결해 주는 가족공유의 생활공간
이다. 뿐만 아니라, 대청마루는 집의 중앙에 위치하여 구심점인 의미를
내포하고 있으며, 대청마루 위의 대들보는 필요 이상으로 굵은 목재를
사용하여 주거의 권위를 대신하는 상징적 공간이라 할 수 있다.

〈그림 4-50〉 城主神의 神體

　이러한 대청마루에는 가내의 평안과 부귀를 담당하는 가옥의 최고신
인 성주신이 존재한다고 믿어 대들보 및 상기둥[70]의 상부에 단지 또는
한지 형태의 신체를 모시고 의례를 행하였다.

---

70) 장기인, 한국건축대계5-목조, 普成閣, 1998, 136쪽.
　　대청 툇간 안쪽에 세운 독립기둥을 산기둥 또는 어미기둥이라고도 하며,
　　안방과 마루방 사이에 있는 기둥을 상기둥(上柱)이라 한다.

한 집안의 으뜸신인 성주신은 天上과 地上을 연결짓는 매개체로서, 天神의 모든 권한을 대행하는 신이다.

성주신이 天神的 요소를 지닌 상위신으로서의 家神임을 미루어 볼 때 좌정공간인 대청마루 역시 가장 위계가 높은 신성한 공간으로 인식되었음을 짐작할 수 있다.

城主巫歌의 내용중에 "제비원 솔씨 받아 용문산에 던졌더니, 그 솔이 자라 크니 소부동이가 자라난다. 소부동이가 점점 자라 대부동이가 되었구나 … 청장목 되고 황장목 되고 도리기둥이 되었구나, 너집성주는 초가성주, 나집성주는 와가성주…"71) 라는 대목이 있다. 즉, 이 노래는 천계의 하강신이 인간에게 솔을 심어 집 짓는 법을 마련해 주었다는 건축문제에 중점을 두고 있는 것으로, 성주신의 출현과정을 곧 건축과정으로 인식하고 있음을 알 수 있다.

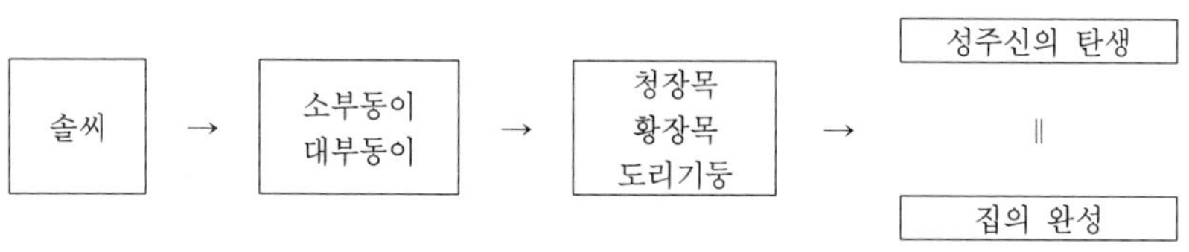

〈그림 4-51〉 城主巫歌에서 나타난 성주신의 탄생 = 집의 완성

이는 인간에게 있어서 최초의 건축행위가 성주신과 관련이 있음을 뜻하는 것이며, 또한 가옥의 주재료로 소나무가 주로 쓰인다는 점에서 일

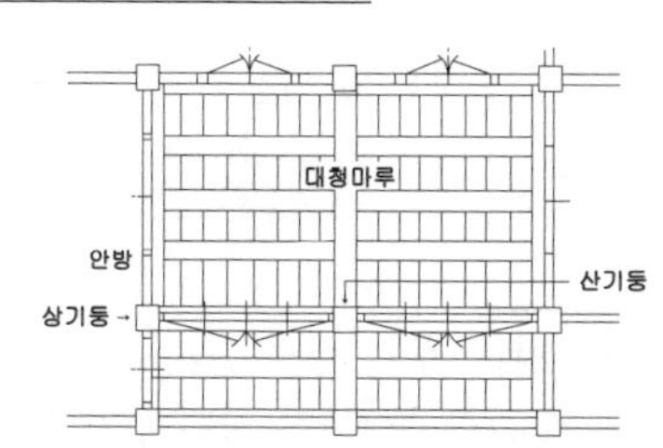

71) 김태곤, 앞책, 74~77쪽.

맥상통한다고 할 수 있다.

이러한 대청마루가 갖는 신성성과 위계성은 북퉁구스족과 Oronchun족의 천막구조에서도 나타나고 있는데, 그들 주거 내부에는 그림과 같이 말루(malu), 또는 마로(maro)라고 부르는 장소가 위치해 있다. 이러한 장소는 위계가 높은 장소로서 여자들이 접근할 수 없는 신성한 공간으로 여겨졌다. 예를 들어 북퉁구스족의 천막 입구 부근의 좌우는 cogoko 또는 congo라 불리며, 그 congo의 안쪽 좌우의 장소는 be라 불린다. 그리고 입구정면 맞은 쪽에는 malu 또는 maro라는 장소가 위치해 있다. malu라 불리는 이곳은 신령의 우의가 봉안되어 신성시되었으며 통상 가족은 그 자리를 차지하지 못하고 존경시되는 노인이나 남성의 내객만이 때로 이 자리를 차지한다[72]고 한다. 또한 Oronchun족은 이곳에 그들의 家神인 Ju-borkan을 봉안하는데 Ju-borkan의 Ju는 Oronchun족 말로 천막 또는 가족이란 말이며 borkan은 神을 가르키는 것이므로 Ju-borkan이란 家神이란 뜻이 된다.[73]

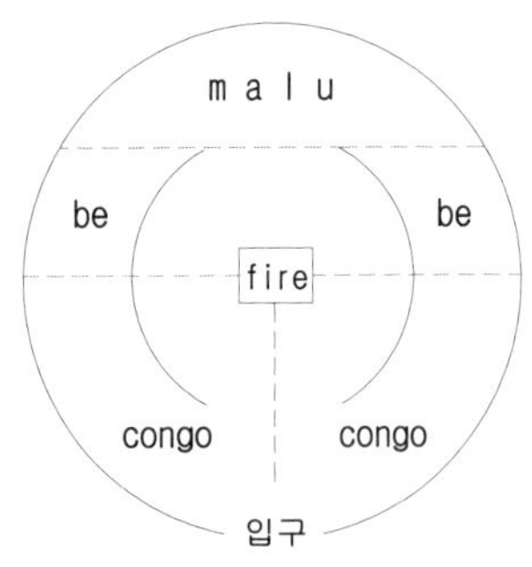

〈그림 4-52〉 북퉁구스족의 malu

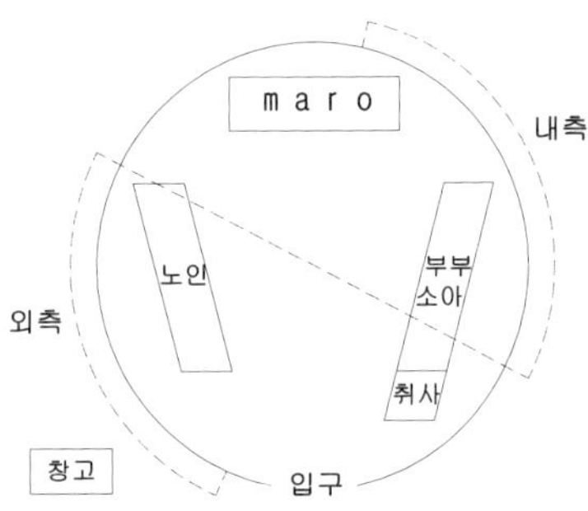

〈그림 4-53〉 Oronchun족의 maro

---

72) 이병도, 한국고대사연구, 박영사, 1976, 627~628쪽.
73) 정영철, 제주도 전통민가의 공간적 특징 및 의미에 관한 연구, 한양대대학원 박사논문, 1991, 113쪽.

2) 中位神 − 人神의 공간

(1) 안방 − 三神 − 안주인

안방은 식사, 취침 등 일상생활이 이루어지는 중심으로 성스러운 공간이라는 대청마루와는 대조적인 공간이다. 특히 안방에는 천장이 만들어지고 방을 에워싸는 六面에는 벽지가 붙여져 모든 구조체가 감추어지므로, 구조체가 노출되는 대청마루와는 대조적이다. 이러한 대조적 성격은 이들 장소에 봉안되는 신들 즉, 대청마루에 봉안되는 성주신과 안방에 봉안되는 삼신에 의해서도 표현되어진다.

안방에는 자녀의 출산·육아·성장 등을 관장하는 가신인 삼신이 존재한다고 믿어 안방벽 또는 시렁 위에 삼신바가지나 삼신동이를 모시고 의례를 행하였다.

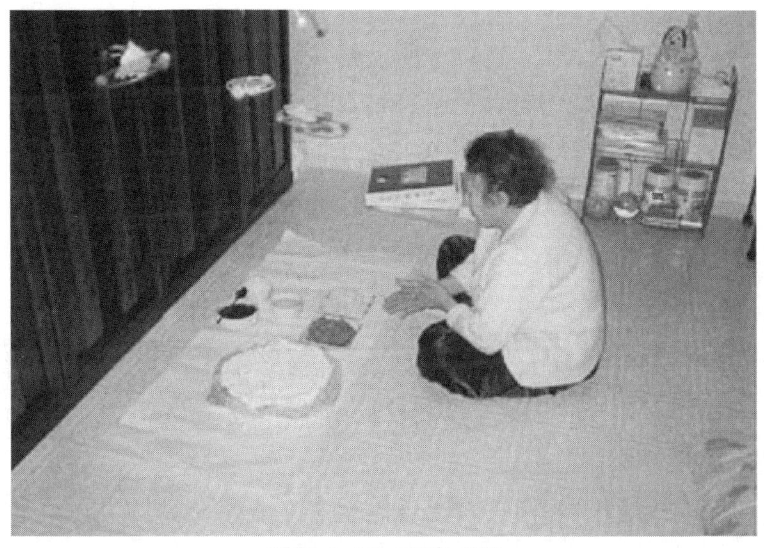

〈그림 4-54〉 三神의 神體

삼신은 産神 혹은 三神으로 표기하기도 하는데, 우리말에 胎를 가르켜 '삼'이라고 하는 것이나, 탯줄을 삼줄이라고 부르는 것을 보아 삼신은 胎

神으로서 産神을 의미[74]하는 것으로 이해하는 것이 보다 바람직할 것이다. 따라서 삼신의 좌정공간인 안방은 여성의 專用空間으로서 출산시 출산을 하는 장소로서의 의미를 지니고 있는 것이다.

삼신 성립의 유래와 내력을 밝히고 있는 『초공본풀이』[75]를 통해 주거의 가장 안쪽 장소로서 안방의 의미를 알 수 있다.

초공본풀이에서 주인공 자지명왕 아기씨의 외출을 금지하거나 대문을 폐쇄하고 또 밖에서는 얼굴조차 볼 수 없었다는 것은 집의 內外 장소질서가 엄격했음을 이야기하는 것이다. 하지만 이 엄격한 內外秩序가 깨어져 아기씨가 회임, 출산하게 되었으나 중을 찾아 다시 환속하여 삼신이 되고 그리하여 가장 안쪽 장소인 안방에 좌정함으로써 內外秩序가 재구축되어진 것이다.

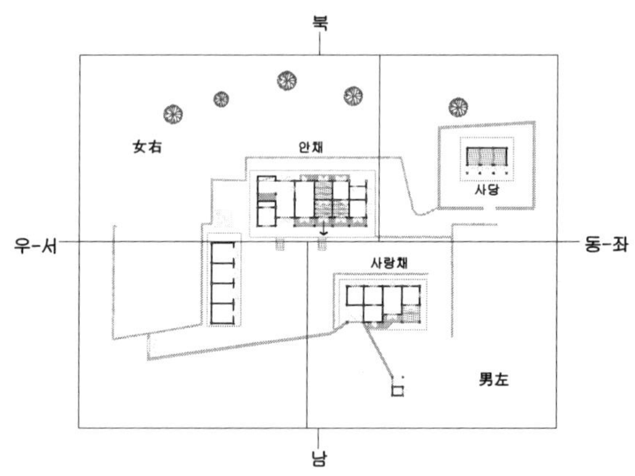

〈그림 4-55〉 男左女右의 주거공간(장흥 위성렬 家)

이렇게 여성이 기거하는 건물들은 안쪽 깊숙한 곳에 그리고 남성의

---

74) 지춘상 외, 남도민속학개설, 태학사, 1998, 404쪽.
75) 진성기, 남국의 무가, 제주민속문화연구소, 1968, 37~50쪽.
    제주도 큰굿에서 심방이 노래하는 巫祖神 신화, 또는 그 신화를 노래하고
    기원하는 제의절차를 말한다.

공간은 바깥에 두는 것은 일종의 이상형으로서, 남향집의 경우 남성의 공간은 동쪽 또는 동남쪽에, 여성의 공간은 북쪽 또는 북서쪽에 위치하기 마련이었다. 이것은 男左女右라는 위치개념은 음택론과 일치하는 것으로, 왼쪽은 양이고 오른쪽은 음이라 하여 각각 남자와 여자를 상징하는 것이다.[76]

또한 안방을 북쪽에 두는 것은 상징적 방향의 암시로써 북쪽은 水의 방향, 즉 생명 잉태의 공간을 상징하기 때문에 혼인, 출산의 공간으로서 안방을 북쪽에 두는 것이라 할 수 있다.

이렇게 안방은 신과의 교류를 통해서 열려진 공간임과 동시에 함부로 침범할 수 없는 신성한 공간으로, 그 공간적 특성 즉 여성 공간으로서의 의미를 가지는 것이다.

(2) 부엌 – 竈王神 – 안주인

부엌은 안방 옆에 거의 붙어 있는 공간으로서, 안방과 더불어 대표적인 여성공간이다.

부엌을 여성의 공간으로 인식하는 것은 방위의 개념에서도 보여지고 있는데,『三國志』魏志 東夷傳 弁辰條에서는 '집에 부엌을 설치하는데 대부분 집의 서쪽에 시설된다'는 기록이 있다. 이것은 앞서 살펴보았듯이 여성의 기거공간인 안채가 북서쪽에 위치하는 것과 같은 원리로, 이미 상고 시대부터 부엌의 위치가 특정한 방위에 의해 주로 결정되었음을 알 수 있다.

부엌에는 아궁이와 부뚜막을 관장하는 조왕신이 존재한다고 믿어 부뚜막 위에 조왕중발 또는 조왕의 초상을 걸어 그 공간을 신성시하였다.

조왕신은 火神 또는 財物神으로도 인식되고 있는데, 조왕신이 火神으로 인식되고 있는 것은 아궁이에 불을 지핌으로써 방의 온도가 결정되기 때문이며, 재물신으로 인식되고 있는 것은 부엌에서 음식을 만 들기

---

76) 김광언, 주민생활과 민속, 공간, 1985, 139쪽.

때문이라 할 수 있을 것이다.

〈그림 4-56〉 竈王神의 神體 (조왕중발, 조왕초상)

또한 조왕신은 中位神의 범주에 속하는 人神으로 조왕신의 좌정공간인 부엌 역시 안방과 같은 격으로써 중요시되었다. 이러한 조왕신 성립의 유래와 내력은 하루 세 번 더운 불을 쬐면서 조왕할머니로 앉아 얻어먹고 계시다는 내용으로 『문전본풀이』[77]에서 노래되고 있다.

이처럼 조왕신은 人神이라는 신의 위계를 가지고 있으며 이는 좌정공간인 부엌의 향 또는 부뚜막에 다음과 같은 장소적 질서를 부여하였다.

· 부엌의 향 － 『民宅三要』에 의하면 대문, 主房 다음으로 부엌의 향이 고려되었는데,[78] 일반적인 부엌의 향은 동향이나 동남향을 길향으로 쳤고, 동북향은 흉하다고 하였다.[79] 이는 아궁이는 불을 때는 곳이므로 火에 속하고 火는 木을 생하니, 木은 동쪽이고 火는 남쪽에 해당되므로 불을 피우는

---

77) 한국문화상징사전, ㅂ－부, 두산동아, 318쪽.
78) 현두용, 한국건축의 양택론에 관한 연구, 홍익대 석사논문, 1977, 37쪽.
79) 김서경, 집과 운세, 현암사, 1989, 128쪽.

아궁이는 동쪽이나 동남쪽이 길하기 때문이다. 또한 동북향이 흉하다는 것은 鬼門思想[80])에 의해 북동 혹은 남서향을 피한 이유라 할 수 있다.

· 부뚜막의 형태 - 『林園經濟志』에서는 부뚜막이 갖추어야 하는 형태를 다음과 같이 설명하고 있다. 『作窱法, 長七尺九寸, 上象北斗, 下應九州, 廣四尺象四時, 高三尺象三才, 口闊一尺二寸象十二時, 安兩釜象日月, 突大八寸象八風』[81]) 이것은 우주의 시간과 공간, 그리고 변화의 원리를 묘사한 것으로,[82]) 부뚜막이 곧 우주의 형태를 축소, 모방한 소우주로 인식되었으며 조왕신과 함께 신성한 공간으로의 상징적 의미를 가지고 있었음을 알 수 있다.

이처럼 한국전통주거에서의 부엌은 조왕신과 함께 수직방향의 장소적 질서형성과 관련되어 주거내 중심공간으로 여겨졌으며 우주의 형태를 축소, 모방한 소우주로 인식되었는데, 이는 浮動性의 아궁이를 통해 공간적으로도 표출된 것이다.

(3) 사당 － 祖上神 － 祖上

우리나라에서 조상숭배의 관념이 보편화되기 시작한 시기는 중국 유학의 영향을 많이 받은 고려말기라고 할 수 있으며, 이 시기에 성리학이 수입되면서 주자의 가례가 조상숭배의 관념을 보편화시키는데 결정적 역할을 하게 되었다. 조선시대에 이르러 치국이념이 성리학인 까닭에 주자의 가례는 상대적인 힘을 가지고 귀족에게 있어서 효와 경을 강조하게 되었고 이러한 의미에서 조상은 이승에서 후손과 함께 존재할 수 있었다. 따라서 한국전통주거는 生者인 후계와 死者인 조상이 함께 거

---

80) 鬼門이란 귀신이 있다는 방위로서 점술가들은 귀신이 드나든다고 하며, 매사에 꺼리는 동북향을 가르킨다. 중국설화에 의하면 중국 동북쪽 수만리에 도삭산이 있고, 이 산중에 죽은 사람의 넋이 모이는데, 이 사자귀가 드나드는 문이 북동쪽으로 난 귀문이라 하며, 혹설에는 도삭산에 가지가 사방 사십리에 뻗은 큰 복숭아나무가 있는데, 그 북동쪽 가지에 온갖 귀신들이 모여서 사람을 죽인다고 하여 북동의 방위를 꺼린다고 한다.

81) 林園經濟誌, 林園十六誌, 第九志, 贍用志 卷一, 營造之制 <窱制>.

82) 강영환, 집의 사회사, 웅진출판, 1993, 207쪽.

주하는 장소였던 것이다.[83]

〈그림 4-57〉 祖上神의 神體

　이처럼 주거내에는 조상신이 존재한다고 믿어져 사당 또는 안방 윗목에 쌀을 가득 채운 단지 혹은 주머니를 걸어두거나 사당 건축의 축소된 모형이라 할 수 있는 감실을 모시고 의례를 행하였다. 이러한 감실 형태의 신체는 조선조 사당의 영향이라 할 수 있는 것으로 사당을 마련할만한 경제적인 여유가 없는 가정에서 사당 대신 감실을 사용한 것으로 생각된다.

　조상신은 주로 한이 많거나 색다르게 살다가 돌아가신 분이 조상신으로 들어앉게 되는데 따라서 天神의 요소를 지닌 성주신과는 달리 人神의 범주에 속하는 家神이라 할 수 있다. 하지만 조상숭배가 그 어느 때보다 강조되었던 시대적 배경으로 인해 조상신은 성주신 이상으로 중요시되었으며, 이것은 주거내 조상신이 좌정하는 장소인 사당건축에 영향을 미치게 된 것이다.

　따라서 사당터는 집을 지을 때 먼저 정하여 다른 건물보다 높은 자리에 세웠으며, 주위에 담을 두르고 출입문을 달았다. 그리고 사당의 위치는 정침의 동쪽으로 하는데,[84] 이는 동쪽에서 해가 뜨는 사실과 관련이 깊은 것으로, 옛 부터 동방은 생명이나 부활의 상징이며 밝음의 표상으

---

83) 고대민족문화연구소, 한국민속대계 1, 1980, 685~686쪽
84) 고대민족문화연구소, 한국민족대계 1, 1980, 690쪽.

로 믿어져 왔기 때문이다. 사당은 주로 3間으로 지어졌으며, 내외부에 단청을 입히고 벽화를 그렸고, 神門이라 하여 세칸 반퇴를 붙인 거대한 문을 따로 세우는 경우도 있었다.

이처럼 사당은 死者의 공간이기는 하나 人神인 조상신의 공간으로서 주거내 안방, 부엌의 공간위계만큼이나 중요시되었으며 또한 시대적 배경으로 인해 天神의 공간인 대청마루 못지않게 聖所의 공간으로 여겨졌다.

(4) 측간 – 측간신 – 첩

'뒷간', '정랑' 등으로 불리는 이 공간은 부엌의 반대편 또는 부엌과 멀리 떨어진 곳에 위치된다. 측간은 부속건물 중 하나지만 대·소변을 보는 인간의 생리공간으로서 필수적이기 때문에 四柱에 포함되었다.[85]

하지만 측간이라는 공간 특성상 주거내 공간 중에서 가장 더러운 곳이라 할 수 있으며 또한 변소는 신체가 노출되는 개인공간으로서 서로 회피되어야 할 곳으로 인식되어졌는데, 이러한 공간의 개념은 이곳에 거처하는 측간신의 성격에서도 잘 나타나고 있다.

측간을 관장하는 家神인 측간신은 대개 신체를 모시지 않는 건궁신앙으로 존재한다. 대부분의 가신이 집안의 평안을 위해 돌보는 善神인데 반해, 측간신은 늙지 않는 첩신으로 신경질적이고 노여움을 잘 타므로 건드리지 않는 것이 상책이라는 경원의 대상으로 여겨졌다. 이는 한국 전통주거의 변소가 갖는 깊고 어두움으로 인해 생기는 위험에 대한 대비를 신관념에 반영시킨 것으로 볼 수 있을 것이다.

이처럼 비록 가장 더러운 곳이기는 하지만 대·소변이라는 생리적 욕구는 생명이 지속되는 한 반복될 수밖에 없기 때문에 측간은 주거내 필수적인 시설물이라 할 수 있다. 때문에 비록 惡神이기는 하나 첩이라는 人神으로 묘사되리만큼 중요하게 인식되었던 것이다.

또한 家神 중 유일한 惡神인 측간신과 조왕신과의 대립관계는 안주

---

85) 장용득, 명당론, 에밀레 미술관, 1973, 110쪽.

인과 첩과의 관계를 의미한다고 할 수 있으며 측간은 부엌과 멀어야 좋다는 말처럼 대지의 구석에 많이 배치되었던 것이다.

즉, 측간이라는 공간은 민간전래상 내려오는 방향성과 家宅信仰적 의미에서 내포하는 상징성에 의해 독특한 장소적 특성을 가지게 된 것이다.

3) 下位神 － 雜神의 공간

(1) 축사 － 牛馬神

소와 말, 특히 소는 농경사회에서 가장 긴요한 가축이었으며, 생활 수단으로 크게 이용되었다. 따라서 축사에도 중요성이 부여되었으며 이에 따라 가축을 추위와 도둑 등으로부터 보호하기 위하여 축사는 주거 가까이에 만들어지게 되었다. 심지어 북부지방의 양통집에서는 사람과 거의 같은 공간에 소와 말이 거주할 정도로 가까운 곳에 축사가 위치해 있다.

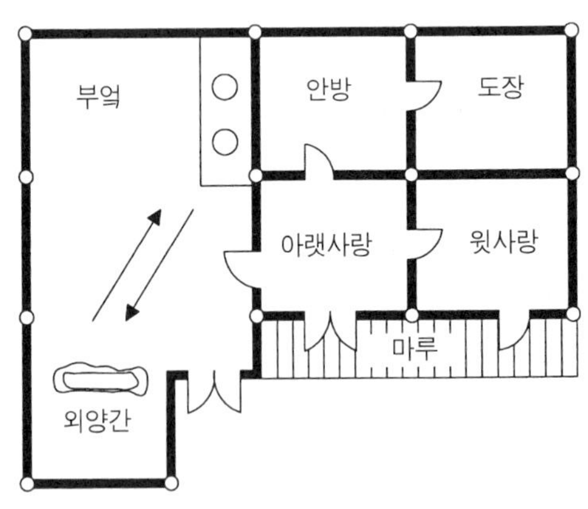

〈그림 4-58〉 양통집의 축사배치

우리나라의 축사에는 소와 말의 건강과 무사를 담당하는 쇠구영신 또는 우마신이라 불리는 가신이 있다고 믿어져 이들 공간에 조차도 많은 의미와 신성성이 부여되어졌다. 이들 공간의 좌향은, 집의 좌향에 따라 방향성을 달리 하기는 하나 일반적으로 동향에서 남향 사이에 배치되었고, 소에게 죽을 쑤는 모습이 보이는 쪽을 으뜸으로 쳤다.[86] 따라서 부뚜막 건너편에 구유를 거는 함경도와 강원도의 외양간을 가장 이상적이라 할 수 있으며, 이것은 家宅信仰적인 의미뿐만이 아닌 소와 말의 추위를 덜어주는 보호의 역할까지를 고려한 배치라 할 수 있다.

이러한 축사에 대한 신성성은 Masai족의 축사 배치에서도 나타나고 있는데, Masai족은 그림과 같이 축사를 주거내 중심부에 위치시킴으로써, 그들 문화의 가장 기본적인 형상을 이루는 중심역할로 간주하였다. 따라서 그들에게 있어서 짐승은 경제적 가치 이상의 종교적이며 신비적인 상징을 지닌 것이며[87] 더불어 짐승이 거주하는 축사 역시 중요한 공간요소였음을 말해주는 것이다.

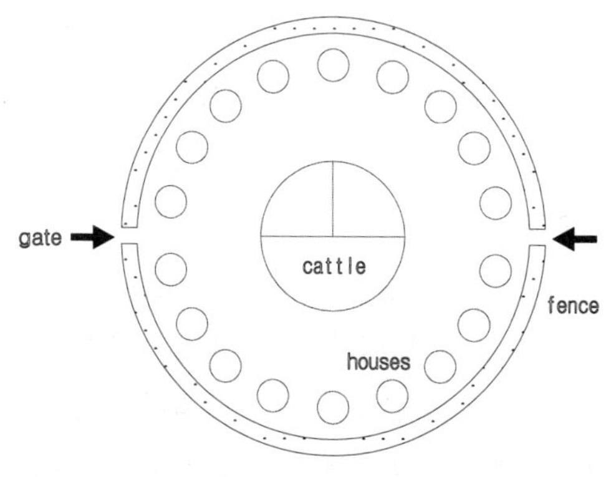

〈그림 4-59〉 Masai족의 축사배치

(2) 곳간 - 도장지신, 노적장군

도장 또는 고방이라고도 불리며 주로 곡물을 저장하는 공간이다.

---

86) 김광언, 한국의 집지킴이, 다락방, 2000, 191~192쪽.
87) Amos Rapoport, House Form and Culture, Prentice-Hall Inc, 1969, 57쪽.

　농업사회에서 곡물이란 식량일 뿐만 아니라 재산이기 때문에 이것을 저장하는 곳간 또한 중요한 장소로서 인식되었다. 이곳에는 지속적인 생성과 팽창을 주관하는 재복신으로의 기능을 지닌 도장지신을 좌정케 했다. 따라서 곳간 역시 다른 공간과 마찬가지로 위치와 의미에 있어 신앙적 의미와 중요성이 부여되었는데 일반적으로 집의 좌향이 남향일 경우 곡간은 남향에서 서향사이에 배치되었다.

　또한『林園經濟志』에는 창고의 위치와 방위에 대하여「곳간은 마당에 면해야 하며 물이 창고문을 향해 들어오면 좋다. 평상시 거할 적에 창문을 열면 5〜6장의 거리에 처해 앉아서 볼 수 있어야 한다.」라고 기록되어 있다.

　이러한 원칙들은 곡물창고의 사회적 의미와 함께 식량 및 재산을 담당하는 도장지신에 의해 만들어졌다고 볼 수 있다.

(3) 대문 − 守門神

　대문은 세속적 공간인 외부세계에서 신성한 공간인 내부세계로 들어오는 열려진 개구부로서 외부의 물리적 위협에 대한 방어적 역할을 할 뿐 아니라 잡귀나 병 등과 같은 미신적 위협을 차단시켜주는 심리적 보호물이라 할 수 있다.

　한국전통주거의 대문에는 문을 지켜주는 家神인 수문신이 존재한다고 믿어 엄나무 또는 범뼈, 말뼈와 같이 잡귀를 쫓는 능력이 있는 동물의 뼈를 걸어두거나 붉은 물감을 사용한 그림이나 글귀, 부적을 신체로써 모셨다. 신라시대에 처용의 모습을 수문신으로 문에 그려 붙였다는 사실을 미루어 그 유래가 오래 되었음을 짐작할 수 있다.

　하지만 수문신은 제주도와 서울을 제외한 농촌에서는 대문의 개념이 약할 뿐 아니라 대문이 따로 없는 집도 많기 때문에 거의 존재하지 않는 家神이라 할 수 있다. 그에 반해, 제주도에서는 중요시되는 家神 중 하나로 문전신이라고도 불리워진다. 제주도의 문전신은 다른 지방의 문전신과는 다소 차이가 있는 것으로, 집의 상방 앞쪽 부분을 차지하는 문신과 뒤쪽 문을 차지하는 문신이 있는데 전자를 '앞문전', 또는 '일문전', 후자를 '뒷문전'이라고 한다.

〈그림 4-60〉 守門神의 神體

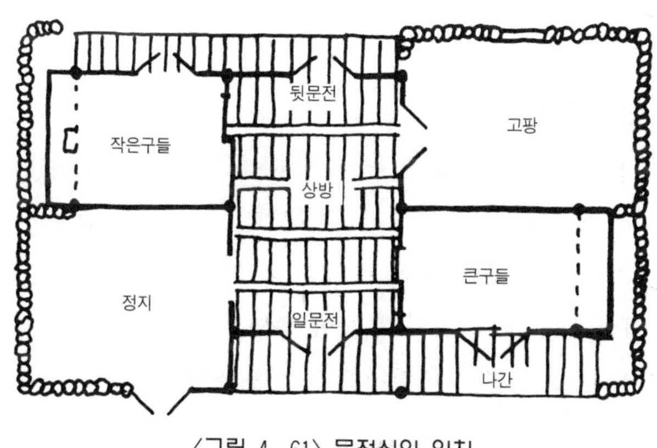

〈그림 4-61〉 문전신의 위치

이와같이 한국전통주거에서 대문은 물리적 차원에서의 방어기능 뿐

만 아니라 심리적 보호 차원의 시설물로써 인식되었다. 홍만선의 『山林
經濟』에서 문 세우는 날을 따로 잡는 일, 좌향을 보는 일[88], 그리고 문
의 높이와 크기를 정하는 법[89]을 상세히 적은 것도 이 때문이다. 즉 수
문신으로 인해 생겨난 신성성은 대문에 장소적 질서를 부여한 것이다.

이처럼 대문은 안과 밖의 세계를 교류하는 통로로서 수문신과 함께
잡귀를 물리치고 복을 나가지 못하게 하는 기능을 가지고 있기 때문에
한국전통주거공간에 있어서 중요한 장소이자 시설물인 것이다.

(4) 장독대 – 철륭신

장은 한국인의 식생활에서 가장 기초가 되는 식료품으로 대를 이어가
며 먹는 것이기에 잘 살펴야만 했다.

따라서 장독대는 주거내 주요공간임과 동시에 가내의 평안과 무병을
담당하는 철륭신이 있다고 믿어져 신성시하였다.[90] 원래 철륭이라는 말
은 집 뒤의 터신 또는 집 뒤의 터를 뜻하는 것으로 장독대가 주로 뒤겹
에 위치했음을 알 수 있다.

이처럼 장독대에는 철륭신이 존재한다고 믿음으로써 신성공간으로서
의 특성과 의미를 한층 심화시켰던 것이다.

(5) 우물 – 용왕신

우물은 인간에게 필수적인 물을 공급해 주는 장소로서 물을 마르지
않게 하는 용왕신이 있다고 믿어져 정월 14일에는 용왕신에게 제례를
행하였다.[91] 이는 좋은 물이 솟아나야 그것을 먹은 사람들이 무병하기
에 다른 주거내 공간과 더불어 주요한 시설물로 취급하기 위함이었으
리라 생각된다. 따라서 이러한 공간의 중요성과 신성성은 거주자들에게
깊은 의미와 상징 그리고 방향성을 부여해 주었다.

---

88) 民宅三要 : 夫日要者何 門主灶是也 門乃間之路.
89) 黃帝宅經의 五虛五實의 내용 중 하나.
90) 장주근, 한국민속대관, 105~108쪽.
91) 장주근, 앞책, 117쪽.

즉, 우물의 위치는 건물의 前後方向은 반드시 피해야 하고 우물과 부엌은 서로 마주보지 않아야 한다고 하였으며, 우물물의 향은 남동쪽으로 내보내야 좋다고 했으며 우물물이 대문 앞으로 흘러 나가면 복이 나간다고 하여 금기시하였다. 또한 예로부터 우물물의 향은 本山의 生旺한 방향에 두어야 길한 것으로 여겼으며 本山이 金體일 경우에는 서쪽에, 木體일 경우에는 동쪽에 위치시켰다.[92] 민간신앙에서는 우물은 巳亥方이라 하여 南東쪽을 으뜸으로 여겼으며 동향 및 北西쪽의 우물도 一體災厄이 면제받는 吉방향으로 간주했다.[93] 특히 정남향의 우물은 가장 不吉한 우물로 터부시되었는데 그 이유는 南쪽은 火이므로 相剋火가 되기 때문이다.

또한 우물고사를 지내기 전에는 반드시 우물에서 오물을 제거하고 지붕을 씌우거나 금줄을 쳐 당분간 물을 먹지 못하게 하였는데 이는 위생상의 청결함까지를 고려한 것이라고 할 수 있다.

이러한 사실을 통해 볼 때 우물은 신앙적 의미와 상징, 청결함의 유지 그리고 위치와 방향을 가지고 있었으며 주거공간에 있어서 聖의 공간 중 하나였던 것이다.

4. 家神을 통해 본 전통주거공간의 구성

앞서 살펴보았듯이 한국전통주거공간내에 좌정하는 家神은 인격화되었으며 따라서 이러한 인격신이 인간을 상징하는 것은 당연하다 하겠다. 결국 家神들의 관계는 거주자의 사회적인 상황을 은유적으로 드러내고 있는 것이며, 그러한 신들의 관계가 전통주거공간과 관계가 있을

---

92) 박시익, 풍수지리설과 건축계획과의 관계에 관한 연구, 고려대대학원 석사논문, 1978, 135쪽.
93) 전태수, 가상학 입문, 명문당, 1978, 138쪽.

것이라고 생각할 수 있을 것이다. 따라서 家宅信仰에서 나타나는 家神과 한국전통주거공간과의 상징적 연관성 속에서 한국전통주거의 평면을 크게 위계와 조직구성이라는 관점에서 고찰할 수 있겠다.

1) 전통주거공간의 위계

家神에는 가족성원과 그들이 거주하는 공간의 상징적인 질서체계가 투영되어 있다. 이러한 家神의 위계는 출현빈도와 젯드리를 통해 살펴볼 수 있다.

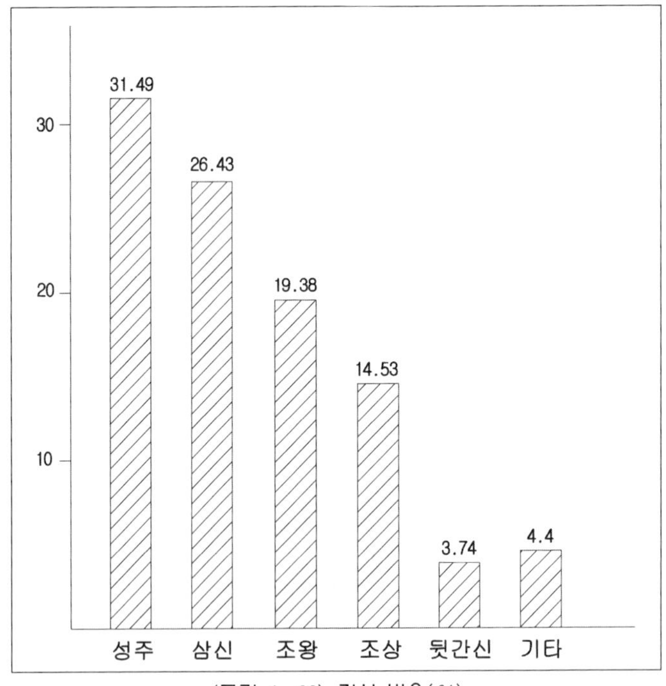

〈그림 4-62〉 가신 비율(%)

집안에 모셔지는 家神들의 출현빈도를 보면 지방마다 차이가 있긴 하나 대체적으로 성주신, 삼신, 조왕신 등이 비교적 많이 섬겨지는데 이는 결국 집의 중심으로서 대청, 안방, 부엌 등이 주거공간 중에서 비중있는 공간으로 인식되었음을 뜻하는 것이다.

즉 생활공간이 중요한 의미를 가짐에 따라서 그 관할신도 중요시되었으며 신의 신적 위치가 바로 공간의 중요성과 위계성을 반영하고 있는 것이다.

또한 신의 위계[94]는 모든 신들을 청해 들여서 기원하는 제주도의 綜合祭인 큰 굿에서도 나타나고 있다. 이 굿에서는 신들을 청해들이는 순서를 젯드리[95]라고 하는데 젯드리란 祭와 드리(순서, 순위)의 복합명사이다. 따라서 젯드리는 祭의 순서, 신들의 위계순위를 의미하는 것이다.

〈표 4-47〉 제주도 무속의 젯드리

	젯 드 리		
1	옥황상제(하늘 차지신)	14	명궁(명부사자)
2	지부사천대왕(땅 차지신)	15	세경(農畜神)
3	산신대왕, 산신백궁(산신)	16	군웅, 일월조상
4	다섯용궁(바다 차지용신)	17	성주(가옥신)
5	서산대사, 육관대사	18	문전(문신)
6	삼승할망(産育神)	19	본향(부락수호신)
7	홍진국대별상서신국마누라	20	영혼, 혼백, 마을제사영
8	날궁전, 달궁전(日月神)	21	칠성(부와 곡물의 신)
9	초공(巫俗神)	22	조왕(부엌의 신)
10	이공(서천꽃밭 주화관장신)	23	오방토신
11	삼공(前生神)	24	주목지신, 정살지신
12	시왕(저승과 생명 차지신)	25	울담, 내담지신(울타리신)
13	차사(시왕의 사자)	26	눌굽지신(낟가리의 신)

이처럼 家神간에는 上·中·下라는 위계구조가 있어 이 신들의 존재 및 위계가 주거공간의 위계구성을 반영하고 있는 것이다.

이러한 家神간의 위계질서와 한국전통주거의 위계적 공간구성과의

---

94) 家神의 위계관계를 묘사한 家神神話는 찾을 수가 없었으며, 다만 제주도 종합제의 젯드리에서 신들의 위계를 살펴볼 수 있다.

95) 정영철, 제주도 전통민가의 공간적 특징 및 의미에 관한 연구, 한양대 박사논문, 1991.

상징적 관계를 도식화하면 다음과 같다.

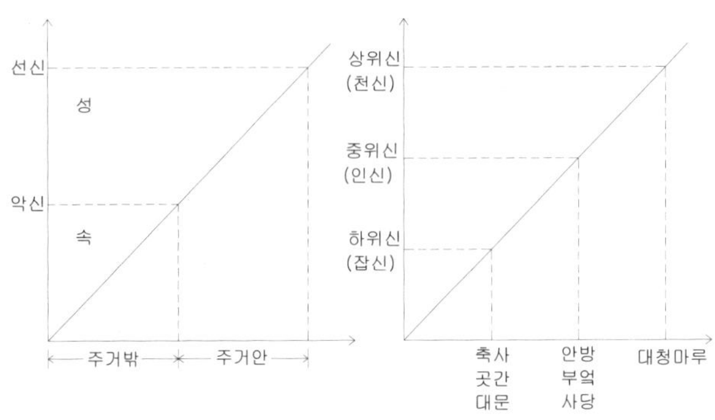

〈그림 4-63〉 신의 위계와 주거공간과의 관계

2) 전통주거공간의 조직구성

한국전통주거공간의 조직구성은 『문전본풀이』와 『성주굿』등의 신화에서 나타나고 있다.

다음은 『문전본풀이』[96)의 내용이다.

• 문전본풀이

남선비와 여산부인이 부부가 되어 아들 7형제를 낳고 가난하게 산다.…(중략) 할 수 없이 귀일의 딸을 첩으로 삼아 겨죽을 먹으며 연명해 간다.
기다리다 지친 여산부인은 배를 타고 남편을 찾아 오동고을에 닿았다. 겨우 남편을 찾고 보니, 첩이 나타나 아양을 떨며 목욕하러 가자고 유인하여 물에 빠뜨려 죽여 버린다. …(중략) 7형제의 간을 내어 먹고, 한 배에 셋씩 세 번을 낳아 아들 9형제를 낳겠다는 말이 그럴싸하여 남편은 칼을 간다. 이를 안 막내아들이 형들을 데리고 산으로 가 멧돼지 간 여섯을 내다가 형들 간이라고 계모에게 드린다. 먹는 체하며 자리 밑으로 숨긴 것을 걷어치워 계략을 천하에 폭로한다. 겁이 난 첩은 변소로 도망가 목매어 죽어 변소신 칙도부인이 되고, 면목없는 아버지는 올래로 내닫다가 정낭에 걸려 죽어 정주목신이 된다. 7형제는 물에 빠져 죽은 어머니를 살려내어 부엌의

---

96) 현용준, 무속신화와 문헌신화, 집문당, 1992, 267~268쪽.

신인 조왕으로 앉히고, 아들 중 위로 5형제는 오방토신이 되고, 여섯째 아들은 뒷문전(상방의 뒷문신)이 되고, 똑똑하고 역력한 막내아들은 일문전(상방의 앞쪽 문신)이 되었다.

위의 『문전본풀이』의 내용을 보면 네 개의 대립항이 나타나고 있음을 알 수 있다.

① 남선비 ↔ 부인 : 남선비가 집을 나가서 첩을 들임
② 부인 ↔ 첩 : 첩이 부인을 죽임
③ 첩 ↔ 아들형제 : 아들형제의 지략으로 첩을 죽임
④ 남선비 ↔ 막내아들 : 남선비의 비겁하고 어리석음과 막내 아들의 지혜로움

위의 『문전본풀이』에서 나타나는 각 家神들의 위치와 공간과의 관계를 살펴보면 가장인 남선비(정주목신)의 위치는 대문, 부인(조왕신)은 부엌, 첩(칙도부인)은 변소, 아들들은 집안의 문과 마당으로 되어 있다.

이러한 가신들과 그 위치를 비교하여 보면 다음 표와 같다.

〈표 4-48〉 『문전본풀이』에서 나타나는 家神들의 공간적 위치

주 거	안	부인	조왕신	부엌	善
		막내아들	일문전신	일문전	
	안과 밖	오형제	오방토신	마당	惡
		여섯째아들	뒷문전신	뒷문전	
	밖	남선비	정주목신	정낭(대문)	
		첩	측도부인	변소	

위의 『문전본풀이』에 등장하는 家神들의 위치 중 가장 특이한 것은 남선비, 즉 가장의 위치이다. 다시 말해 호주인 가장이 살림채 내 중심공간에 위치하는 것이 아니라 대문에 위치하고 있는데, 이는 인격화된 가신과 주거와의 상징적 연관성 속에서 이해될 수 있을 것이다.

제주도의 집은 한 담장안에 한채의 집만 있는 것이 아니라, 자식이 성

장하고 분가함에 따라 보통 두채, 많게는 네채까지 지어지게 된다. 따라서 집안을 수호하는 가장인 남선비가 집안에 좌정하는 것보다 입구를 지키는 것이 주거공간 전체를 지키는데 효과적일 것이며 또한 변소는 가축의 축사와 관련된 기능적인 이유로 담장안에 지어지게 되는데 , 변소의 불결함을 피하기 위해 부엌을 변소와 반대편에 놓는 속신이 있다. 그것은 첩(변소)의 불결함은 남선비(대문)가 막을 수 없는 것이기 때문에 마당을 사이에 두고 반대편에 배열이 되는 것이며, 결국 첩과 부인과 가장을 화해시키고 연결하여 줄 수 있는 것은 자식들(마당)이라는 것은 암시한다고 볼 수 있다.

　　이러한 사항을 구조도식으로 표현하여 보면 다음과 같다.

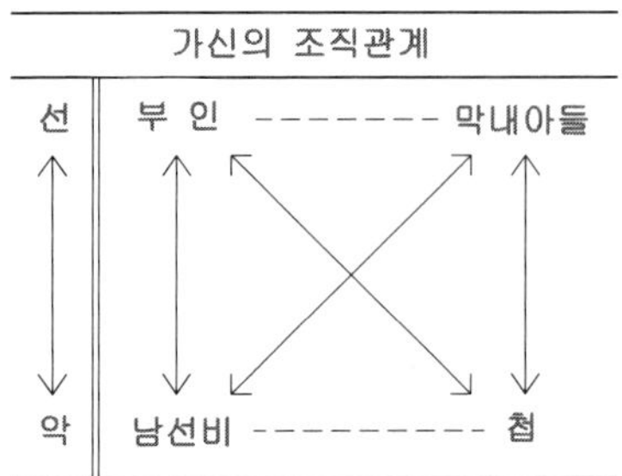

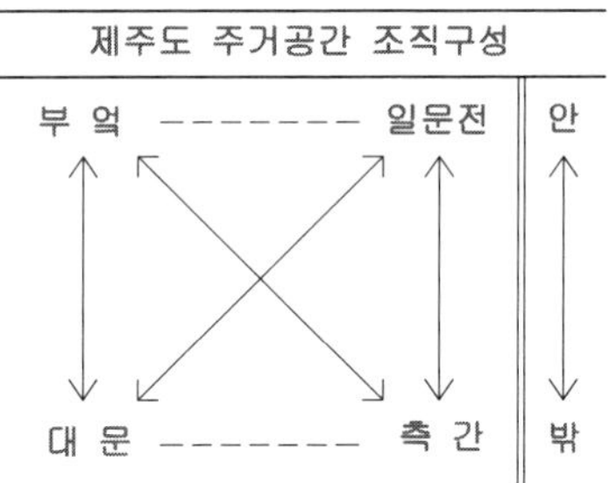

〈그림 4-64〉 家神들의 위치와 주거공간 조직구성과의 연관성

　　여기에서 (− −)로 표시된 것은 우호관계이며, (↔)로 표시된 것은 대립적인 관계를 나타내는 것이다. 여기에서 가장 강한 대립을 이루는 것은 대각선 방향의 부인과 첩의 대립적인 관계이며, 또한 그것은 막내아들과 남선비의 강한 대립을 유도하고 있다.

　　이러한 관계를 공간적인 의미로 전환하여 보면 다음과 같다.

　　제주도의 민가는 건물의 수와 크기에 따라 그 유형은 여러 가지가 되지만, 그 중에서도 가장 많이 보이는 三間집[97]이다.

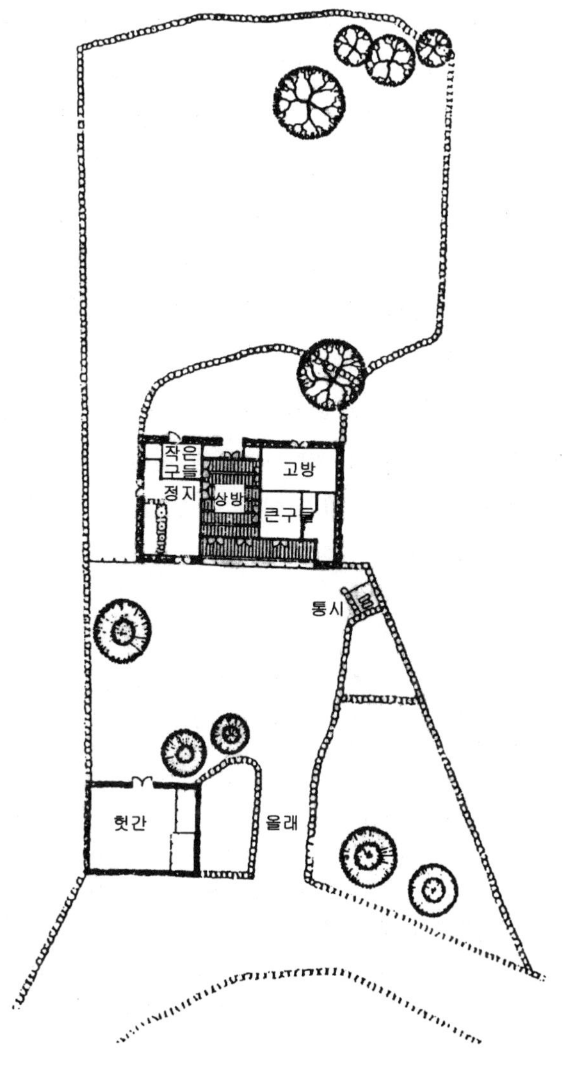

〈그림 4-65〉 제주도 성읍마을 이영숙가옥

이와 같은 배치에서 본채의 공간구성은 다소 변형될 수 있지만, 부엌과 변소의 위치가 반대의 위치에 놓이는 것과 대문에서 마당이 직접 맞

---

97) 주남철, 한국의 전통민가, 아르케, 1999, 514쪽.

닿지 않고 긴 올래98)가 만들어지는 것은 제주도 민가에서 중요한 원칙처럼 되어 있다. 이는 (4-66)의 대각선에 놓인 대립관계를 통해서도 알 수 있는 것으로, 부엌과 일문전은 안쪽공간을 상징하며 善神의 위치이고, 대문과 변소는 바깥쪽 위치이면서 惡神으로 나타남으로써 주거공간이 안/밖의 관계, 더불어 聖/俗의 관계로 이해되고 있음을 보여준다.

한편 경기도 화성지역의 『성주굿』99)巫歌100)에는 조왕신과 성주신의 대립관계가 나타나고 있는데 이 무가에서는 조왕신이 할아버지 또는 할아버지와 할머니 부부로 나타나고 있다. 황우양씨가 성주신이 되는 내력이 서술되어 있는 이 무속신화에는 문전본풀이와는 달리 조왕신이나 측간신이 가족으로 등장하지는 않으며 다만 천하궁의 차사가 황우양씨를 잡아가려 하자 조왕할아버지가 이에 협조함으로써 이들의 대립관계가 극명하게 드러나고 있다.

· 성주굿

> … 천하궁의 차사가 황우양씨 집에 들어서자 업왕이 길을 막아 황우양씨를 잡아갈 도리가 없어 쩔쩔맨다. 이 때 조왕할아버지가 차사에게 말한다. "내일 아침에 황우양씨가 갑옷과 투구를 벗어놓고 어머니를 마중나갈 때 재주껏 잡아가도록 해라" 이에 황우양씨가 항의를 하자 조왕할아버지는 그럴만한 연유가 있음을 말한다. "황우양씨 내외가 평소 나를 대하는 태도가 괘씸해서 그러느니라. 황우양씨는 나갔다가 돌아오면 긴 목버선을 벗어, 나 있는대로 팽개치니 그도 괘씸하거니와, 그의 부인은 식칼을 갈아 부뚜막에 얹어놓으니 그것 역시 괘씸하지 않느냐" …

앞의 『성주굿』의 내용을 보면 성주신과 조왕신이 서로 대립하고 있음

---

98) 제주도 민가에서 보이는 개인집으로 들어오는 골목.
99) 김태곤, 한국의 무속신화, 집문당, 1985, 123~134쪽.
100) Yahoo 국어사전-무가, 신화, 금성출판사, 1997
　　· 무가 - 무당이 무속 의례에서 신을 향해 읊는 노래
　　· 신화 - 우주의 기원, 신이나 영웅의 사적(事績), 민족의 태고적 역사 등, 고대인의 사유나 표상이 반영된 신성한 이야기(단군~/ 그리스~/ 건국~)

을 알 수 있다.

　　• 황우양씨 ↔ 조왕할아버지 : 천하궁의 차사가 황우양씨를 잡아가는데 조
　　　왕할아버지가 협조함

　이는 신화의 내용이 공간적 속성을 은유적으로 나타내고 있음을 미루
어 볼 때 황우양씨와 조왕할아버지의 대립관계는 마루와 부엌의 관계를
반영한 것으로 볼 수 있다.
　이를 강영환의 '주거 평면형태와 공간구성'[101] 구분에 의해 살펴보면
다음과 같다.

〈표 4-48〉 평면형태와 공간구성

間 배열형태		공간구성	
		서부지역	동부지역
홑집	(도면)	정지 | 안방 | 사랑	마구 | 정지 | 안방 | 사랑 　 정지 | 안방 | 사랑
반겹집	(도면)	정지 | 안방 | 사랑	정지 | 안방 | 중방 | 사랑 | 사랑
겹집	(도면)	정지 | 안방 | 중방 | 사랑	방앗간 | 정지 | 마구 | 사랑 　 안방 | 정지 | 봉당 | 마구

　위의 그림에서 알 수 있듯이 마루와 부엌은 지역과 평면형태에 관계
없이 대체적으로 맞붙어있지 않음을 알 수 있다. 이는 온돌이 아닌 마루
가 깔린 대청마루와 불을 사용하는 부엌의 공간적 성질로 인해 화재예
방의 관념이 크게 작용한 것으로 생각된다.
　이렇게 주거공간구조와 가신에 의한 사람의 은유가 일치하는 것은 신
화적인 내용에 맞춰서 일부러 집을 그렇게 지었다는 것이 아니라, 신들
의 관계가 거주자의 인문적 상황과 공간적인 상황에 빗대어져서 주거공

---

101) 강영환, 地方大木들의 知識體系 分析을 통한 傳統住居文化의 연구, 대한
　　건축학회논문집 8권2호 통권 40호, 1992.2, 97쪽.

간에 설정되어졌다는 것을 의미한다. 역으로 이해하자면 가신신화의 내용속에는 신화를 만들어낸 사람들의 인문적인 관점과 공간에 대한 관점들이 상징적으로 표현되어졌음을 알 수 있는 것이다.

5. 사례분석

공간의 위계구성은 1-상위신, 2-중위신, 3-하위신으로 나타내었으며, 공간의 조직구성은 전통주거에 있어 穴에 해당하는 대청마루에 원을 표시한 다음 화살표로써 나타내었다.

이상의 분석결과 전통주거 평면에 있어서 방위에 관계없이 일련의 공통점이 있음을 알 수가 있는데, 이것은 전술한 가택신앙의 일반적 배치와 일치하는 것이다.

이러한 사항들이 모든 한국전통주거에 정확히 적용되는 요소라고 볼 수는 없지만 사람들의 정신 속에 존재하는 이상적 배치로서 이러한 向과 方位, 공간조직구성 개념 등은 주거를 배경으로 형성된 가택신앙과 관련되어 나타난 것이라고 볼 수 있는 것이다.

〈표 4-49〉 공간분석도

空 間 分 析 圖	
운조루 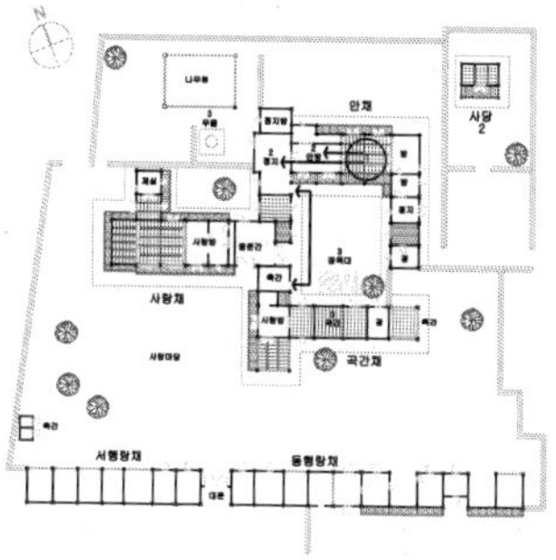	이범재 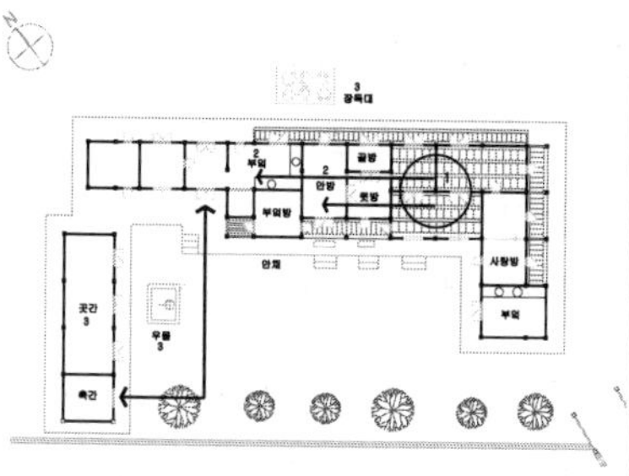
이금재 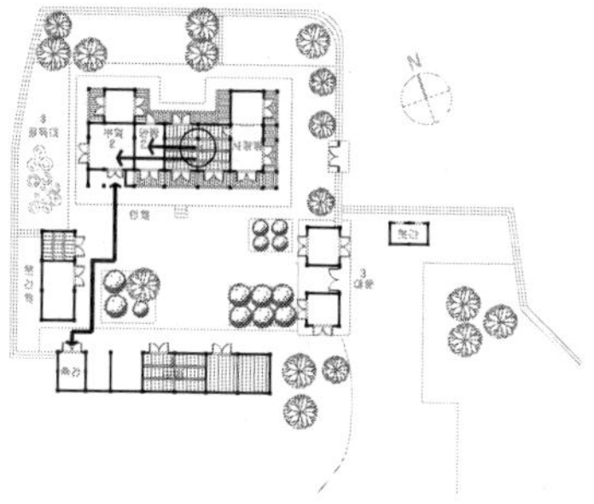	이용욱 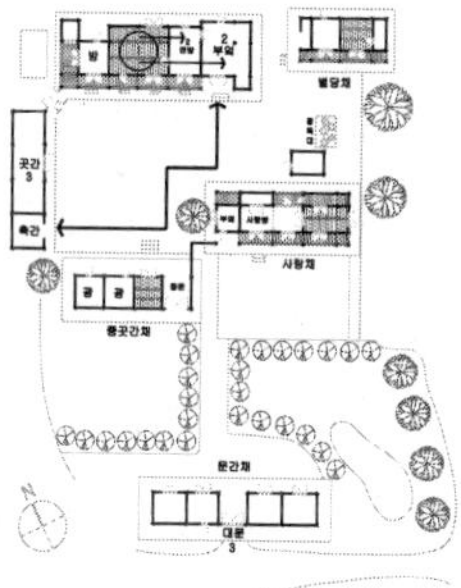
양동호 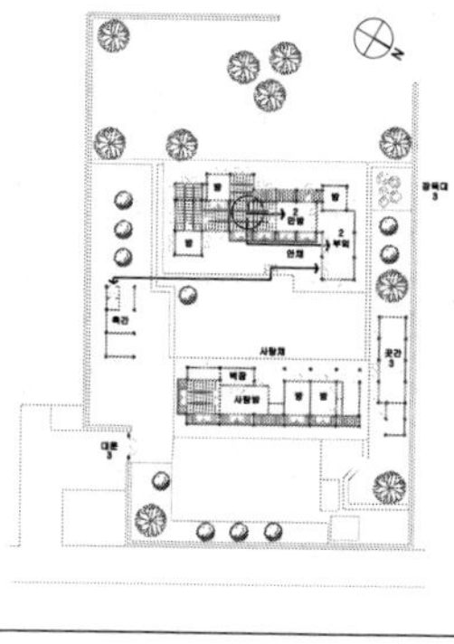	홍기응 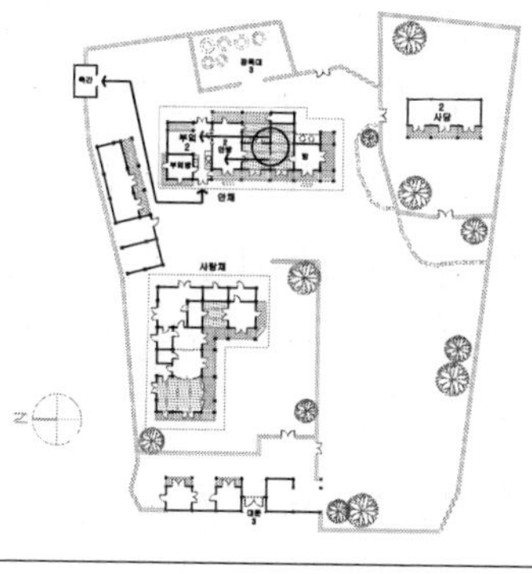

6. 소 결

　주거를 배경으로 형성된 가택신앙은 주거공간에 대한 거주자의 생각과 애착, 가족관 등이 반영되어 있어서 한국전통주거가 갖는 의미와 공간의 조직구성원리를 엿볼 수 있게 한다.

　家宅信仰에서 등장하는 家神을 통하여 한국전통주거공간의 의미와 구성원리를 알아보았으며 다음과 같이 요약할 수 있다.

1. 한국의 전통주거에는 다양한 가신들이 나타난다. 이들은 성격상 天神, 人神, 雜神으로 구별할 수 있으며 위계상 上位神, 中位神, 下位神으로 구별할 수 있다. 이들은 다시 上位神에 속하는 聖主神과 中位神에 속하는 삼신, 조왕신, 조상신, 측간신 그리고 下位神에 속하는 우마신, 도장지신, 수문신, 철륭신, 용왕신으로 나눌 수 있다.

2. 주거에 있어서 각 공간들은 원시종교의 하나인 민간신앙, 특히 가택신앙 등에 의하여 공간의 특성과 의미를 내포함으로써 주거공간 형성에 큰 영향을 끼쳤음을 알 수 있다. 이러한 家神에 의한 신성은 주거공간 전체 속에서 聖俗의 의미, 방향성, 상징성 등을 가짐으로써 한국전통주거의 독특한 공간개념으로 작용하였다.

3. 따라서 한국전통주거를 가택신앙의 신앙적 체계로 보면, 건물로서의 주거건축이 家神이라는 인격체로 의인화되었음을 알 수 있다. 즉 '건물로서의 주거'와 '家神의 거처'가 동일시되는 동시에, 주거는 家神이라는 신격체들로 신성시되어 왔다고 해석할 수 있을 것이다.

4. 즉, 한국전통주거는 기능적 요구에 의한 물리적 공간일 뿐 아니라 신의 개념과 함께 신성공간을 형성하였던 것이다. 이와 같은 종교적인 상징과 의미를 통하여 재앙을 방지하고 풍요로운 삶을 유지하고자 하였던 것이다.

5. 이처럼 한국전통주거는 신들의 본연에서부터 부정한 외부와 정화된 내부가 대립되는 내외 대립구조를 이루고 있음을 알 수 있으며, 전통 주거 내부는 신이 보호해 주는 신성영역으로 속의 공간과 구별, 대립되는 聖俗의 구조를 지녔다.

6. 또한 주거내에 존재하는 家神을 통해 보면 신의 위계가 주거공간의 중요성과 위계성을 반영하고 있음을 알 수 있다. 즉 신들의 존재는 그곳에 거주하는 거주자와 그들의 생활을 반영하며 가신들간의 위계질서는 곧 주거공간의 위계적 구성을 나타내는 것이라 할 수 있다.

IX. 한국전통부엌에서 형성되는 동작역과 작업역[102]

1. 서

인간은 그가 처한 사회의 한 구성원으로서 활동하는 가운데 획득하게 되는 고유한 집단적 생활양식이 있다. 이 생활양식으로부터 끌어낸 추상적 관념으로서의 일종의 정신적 현상을 문화라고 할 때 주거는 바로 이러한 문화의 구체적 표현체이며, 주거라는 단위공간은 인간의 기본 행위가 펼쳐지는 장이 된다. 때문에 주거는 인간 본질의 표현이라고 한다.[103] 인간이 생활하는 이러한 주거공간 중 부엌은 주부가 가사노동을 하는데 있어 중심공간일 뿐 아니라 가족의 건강한 식생활을 담당하는 중요한 공간이다. 나아가서 오랜 세월동안 형성되어온 민족의 식습관은 민족의 본질과 문화를 규정하는 큰 요소가 되듯이 한 가족의 생명을 유

---

102) 이영미, 천득염, 한국전통부엌에서 형성되는 동작역과 작업역에 관한 연구, 대한건축학회연합논문집, 2000.5, 2권2호.

103) Otto F. Bollnow, "인간과 그의 집"－현대철학의 전망, 이규호 역, 법문사, 28~35쪽.

지하고 가정의 기능을 수행하기 위한 필수적인 노력이 이루어지는[104] 부엌에서는 한 가정의 독특한 문화가 이루어진다.

한편 근래에 전통적 주거공간에 대한 연구는 활발히 진행되어 왔으나 생활공간으로서의 전통적 주거공간을 규명하는 연구는 미흡하다고 볼 수 있으며, 현대적인 계승의 관점에서 고려해볼 때, 보다 집약된 분야에 대한 심도 있고 과학적 근거에 입각한 전통주거건축에 대한 연구의 필요성을 느낀다. 이러한 인식 하에 본 연구는 선조들이 형성해온 주거공간 중에서 생활공간의 일부인 전통주거의 부엌에 대해 고찰해보고자 한다.

문헌조사를 기초로 하여 대상 건축물을 파악하였으며, 조사 대상 가옥의 건축 구조의 기본을 이루는 요소들을 실측하여 평면과 입면의 틀을 마련하였다. 또 문턱, 창턱, 창문높이, 문고리높이 등 인간공학적 요소와 관련된 구성요소들도 별도로 실측하였다. 실측된 자료를 바탕으로 3차원 인체모델링을 위한 소프트웨어인 safework를 사용하여 인체의 동작역과 작업역 등을 산출하였다. 이렇게 마련된 자료를 바탕으로 空間 −人體의 동작역, 空間−物體−人體의 작업역이라는 두 가지 틀로 분석을 시도하였다.

조사대상인 전통주거의 범위로는 중·상류주택에 해당되는 조선시대 가옥 중 비교적 원형보존이 잘 되어 있으며 변형이 적다고 생각되는 대상을 선정하였다. 분석을 위한 주 대상 건축물로 정읍 김동수가옥, 논산 윤증고택, 남산골 한옥마을의 윤택영가옥, 박영효가옥, 김춘영가옥, 윤씨친가 4채와 구례 운조루를 선정하였다.

사례조사에서 어려웠던 점은 원형보존이 잘되어 있는 가옥이라 하더라도 부엌이라는 공간이 다른 타 공간에 비해 작업이 많이 이루어진다는 공간의 특수성 때문에 변형이 많이 이루어져 있다는 점이였다. 따라서 조사할 수 있는 대상이 한정될 수밖에 없었다. 한편 전통주거에 있어

---

104) 주영애, "조선조 상류주택의 살림공간에 관한 생활 문화적 고찰", 성신여대 박사학위논문, 1992.3, 1쪽.

서 부엌은 가사작업이 행해지는 포괄적인 공간으로 인식되어질 수 있기 때문에 본 연구에서의 주요 분석대상인 부엌의 범위를 난방과 취사작업이 직접적으로 행해지는 부엌과 이러한 부엌과 바로 연접해 있는 찬방으로 한정하였다.

김동수가옥과 윤증고택의 부엌은 사람이 살았던 관계로 약간의 변형이 있는 가옥이며, 주요 변형요인으로는 난방을 위한 목적으로서 연탄 혹은 기름 보일러를 설치하기 위해 부뚜막 옆을 개조하였다. 나머지 남산골 한옥 마을에 있는 가옥들은 그 당시 살았던 조상들의 생활상을 검증을 거쳐서 재현해 놓았다는 가정 하에 본다면 현존하는 다른 전통가옥의 부엌보다도 원형에 근접해 있는 부엌이라고 추정된다.

2. 전통주거 부엌의 일반적 고찰

1) 부엌용 가구의 배치

전통주거에서 조리 행위가 이루어진 부엌은 크게 부뚜막, 수납영역의 작업영역으로 구성되었다. 주로 부뚜막은 안방 쪽으로 붙여 만들어 가열공간을 형성하였고, 대개 진흙과 같은 고운 흙과 벽돌로 만들어졌다. 부뚜막 위쪽의 상인방은 못을 치고 부엌의 기물들을 걸어두었으며, 나머지 기물들은 선반과 같은 시렁을 달아 구성된 붙박이 벽장이나 다락에 수납하였다. 부엌 상부의 다락이나 벽장의 출입구는 안방 쪽으로 나 있어 안방에서 자주 사용되는 부엌용품이나 부식재 등을 넣고 꺼내기 편리하도록 하였다.

한편 부엌 바닥에는 물지게, 물항아리, 물동이 등이 놓였으며, 그 위의 벽쪽에는 머리 받침대와 물바가지 등을 걸었는데, 이는 물을 길어다 두고 사용했기 때문이며, 그 이유는 전통가옥에서는 음양오행사상에 의해 우물은 부엌과 먼 곳에 위치하였기 때문으로 볼 수 있다.

조선시대에는 남녀유별과 신분의 차이로 인해 가족이 함께 식사하지 않고 신분이나 남녀, 세대별로 상을 차려야 했으므로 식기나 상등이 여러 개 필요하였다. 따라서 부엌에는 이러한 기물들을 수납할 찬장이나 찬탁자와 같은 수납가구가 배치되었으며, 이러한 기물들을 놓을 공간이 부족할 때에는 한쪽 구석에 놓고 사용하였다. 이것도 여의치 않았을 때에는 부엌 뒤쪽의 찬마루 상부에 붙박이장이나 선반을 설치하여 소반, 그릇, 술병 또는 찬합 등의 각종 식기류를 진열하거나 수납하였다.

찬방이 있는 경우에는 거기에 찬장, 찬탁, 뒤주와 같은 가구와 취사용품을 놓았으며, 상류주택의 경우 집안의 행사가 많은 관계로 이에 필요한 음식물과 부엌기물을 별도로 수납할 공간이 필요하였다. 따라서 부엌이외에도 쌀을 담아두는 항아리나 독을 두는 곳간, 부식재나 조리기구를 두는 고방, 나무를 저장하는 나뭇광 등의 부속공간을 두어 수납공간으로 사용하였다.

〈그림 4-65〉 부뚜막위 수납공간

〈그림 4-66〉 찬마루위 수납공간

서민주택에서의 부엌 가구 배치방법은 상류주택과 비교할 때 약간의 차이가 있었다. 서민주택에서는 안방 옆에 붙은 대청에 찬장과 뒤주를 두었으며, 벽면에 맨 시렁에는 소반을 얹고, 들보 사이에 맨 시렁에는 젯상을 올려놓았다. 서민 주택의 부엌은 크게 부뚜막, 찬마루, 나뭇간으로 구성되어 있다. 부뚜막은 안방에 인접하고 있으며 상류주택과 같이 대, 중, 소 크기의 세 개의 솥을 걸어 놓았으며 부뚜막 맞은편에는 나무로 찬마루를 만들어 작업을 하고 음식을 차렸는데, 그 위에는 식기와 조리용구 등을 수납하는 공간을 두었다. 그리고 찬마루 밑에는 큰 독을 묻고 그것을 물독으로 사용하였다. 그러나 형편이 더욱 어려운 서민주택에서는 부엌바닥에 토단을 쌓아 작업을 하기도 하였다. 부뚜막 맞은편 한구석에는 나무와 솔가지 같은 땔감을 벽에 기대어 놓거나 흙으로 칸을 나누어 쌓아 놓았다.[105)

3. 건축의 내부공간과 인체치수

공간이 쾌적하고 활동하기에 편하다면 좋은 건축이라고 말할 수 있다. 건축적 공간은 인간을 위해 만들어지기 때문에 물론 인간을 먼저 고려해서 계획하여야 하며 이러한 측면에서 평가되어져야 할 것이다.

구체적인 디자인을 할 대상에 따라 특별히 고려해야 할 여러 조건이 있겠으나 보편적 조건이라면 기능성, 경제성, 독창성, 민족성, 시대성, 풍토성, 안전성 등이 있을 수 있다. 이러한 조건들을 만족시키는 최대공약수를 찾아야 하는 과정에서, 일차적 근거는 인체측정자료라고 할 수 있다. 즉 건축물의 디자인 시 고려해야 할 여러 조건 중 위에서 말한 것처럼 건축 내부공간과 인체치수의 결합은 필수조건이라 할 수 있겠다.

1) 전통주거의 부엌과 인간공학

건축공간 중, 본 연구에서 집중적으로 살펴보려고 하는 전통주거의 부엌은 여성들의 전용 작업공간으로서 상당한 시간 동안 노동이 집중적으로 행해지는 장소이다. 따라서 인간공학적 측면에서 본다면, 부엌은 인간공학적 배려가 가장 많이 이루어져야 하는 공간이라 볼 수 있겠다.

---

105) 박영순 外, 우리옛집이야기 : 한국전통 주택의 실내공간, 열화당, 1998, 155~156쪽.

2) 인체치수에 대한 이론적 고찰

(1) 인체치수

인체치수는 인간공학 분야에 있어 가장 기본이 되며 중요한 자료라고 말할 수 있다. 건축의 내부공간을 분석하는데 영향을 주는 인체치수는 인체의 각 부분이 고정되어 있는 자세에서 측정되는 치수인 구조적 (structural)인 것과 기능적(functional)인 것 두 가지 기본유형으로 나누어진다. 구조적인 치수(structural dimension)는 정적인 치수(static dimension)로 불리는 표준자세로서 머리, 身長, 좌고, 體重들의 치수를 말한다. 기능적인 치수는 동적 치수로 불리며 움직이는 상태의 역동적 치수로 생활행위를 중심으로 일하는 자세나 어떤 특정한 일에 수반되는 동작을 하는 동안 측정된 인체치수를 말한다.106)

(2) 동작역

인간이 일정한 장소에서 신체의 각 부위를 움직였을 때 평면적 또는 입체적으로 어느 영역의 공간이 만들어지는데 이것을 동작역이라고 한다.107) 인간의 자세는 기본적으로 선자세, 바닥에 앉은 자세, 의자에 앉은 자세, 누운 자세의 4가지 基本姿勢를 바탕으로 여러 가지 변화된 자세가 형성되며 이러한 기본자세의 신체부위가 목적을 가지고 움직여질 때 동작이 이루어진다.

(3) 작업역108)

인간이 일정한 장소의 신체 각부에서 움직였을 때 거기에는 평면적 또는 입체적인 어떤 범위의 공간이 생기며, 이것을 작업역이라고 한다. 작업역을 고려하지 않고 설계하면 작업능률의 저하·작업자의 피로 등

---

106) 최상헌, 앞의 논문, 37쪽.
107) 小原二郎 外, "INTERIOR DESIGN 계획과 설계", 국제출한공사, 1987, 46쪽.
108) 한석우, 디자이너를 위한 人間工學, 조형사, 1992.1, 162~163쪽.

을 초래한다.

· 수평작업역 : 수평작업의 경우 최대작업역과 통상작업역으로 구분되며 최대작업역은 팔을 최대로 뻗쳐 손이 닿을 수 있는 영역이며, 통상작업역은 어깨를 가볍게 몸측에 붙여 팔꿈치를 구부린 상태에서 자유로이 손에 닿는 영역이다. 작업시 주요 조작의 동작이나 기기는 통상작업내에 배치하며, 그 다음의 작업용구는 최대작업역의 선을 따라 배치하도록 한다.

· 수직작업역 : 수직작업역은 팔을 상하로 움직였을 때 포함되는 영역이다.

· 입체작업역 : 수직작업역과 각 높이의 점에서 수평작업역이 연결되어 선정한 영역이다. 각 높이의 점에서는 수평작업역과 같이 통상작업역과 최대작업역을 갖는다. 수직작업역과 입체작업역은 작업점의 위치와 주위공간을 적당한 크기로 하여 피로가 적고 능률적인 작업이 될 수 있도록 한다.

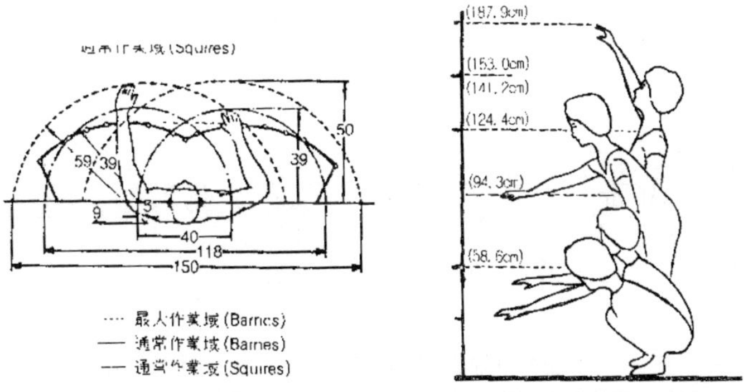

〈그림 4-67〉 수직작업역과 수평작업역109)

---

109) 한석우, 앞의 책, 163쪽.

4. 분석을 위한 기초자료

1) 조선시대 성인의 체위기준

조선시대 성인의 체위기준에 대한 구체적인 자료가 아직 공식적으로 발표된 것이 미흡한 관계로 본 연구에서는 이에 관해 몇몇 발표된 논문 중에서 최상헌의 "조선상류주택 내부공간과 인체치수와의 상관성에 관한 연구"(1992. 8)에서 그가 도출해낸 조선시대 성인 체위 기준표<표1>와 조선시대 성인체위 백분위 통계표 조선시대 성인체위 기준표를 토대로 전통주거의 부엌 내에서 형성되는 작업역과 인체치수와의 상관성을 분석해보고자 한다.

〈표 4-50〉 조선시대 성인체위 기준표

측정범위　　　　　　　　　　성별	남(cm)	여(cm)
키	161.1	147.2
눈높이	150.4	137.2
팔꿈치높이	100.5	92.6
어깨너비	41.5	39.2
몸통너비	43.2	38.7
가슴두께	19.9	19.6
앉은키	86.9	79.6
앉은눈높이	76.8	70.2
앉은어깨높이	58.1	52.7
앉은엉덩이너비	30.8	31.4
앉은팔꿈치높이	26.3	23.8
선키에서 위로쳐든 손끝높이	202.9	183.6

〈표 4-51〉 조선시대 성인체위 백분위(percentile)통계표(cm)

	percentile	키	눈높이	앉은키	앉은 눈높이	앉은 팔꿈치높이
男	95%	168.82	158.81	91.1	81.09	29.85
	5%	152.84	143	79.49	72.23	22.25
女	95%	154.07	144.59	83.44	74.152	27.59
	5%	138.62	129.14	74.52	65.14	20.2

2) 분석도구

공간에서 물체와 인체와의 서로 상호적인 관계를 다루는데 있어서 조선시대 인체치수 자료만으로는 분석에 한계가 있기 때문에, 다음과 같은 소프트웨어를 통해 공간에서 물체들과 인체가 어떠한 동작역과 작업역을 형성하는지를 파악하고자 하였다.

(1) Safework

Safework는 3차원 인체모델링을 위한 강력한 컴퓨터 도구이다. 이 s/w를 이용하여 주어진 환경에서의 인간을 모사하고 작업장을 설계하는데 있어서 안전, 안락, 생산성 등의 조건을 최적화 시키는 시나리오를 구성할 수 있다. 더욱이 Safework로 설계하고자 하는 주변환경이나 시스템을 나타내는 그래픽 파일을 불러 들여 올 수 있고 수초 이내에 인간의 모든 특징을 갖춘 mannequin을 생성시킬 수 있다.[110]

(2) safework의 이용

부엌내부공간과 가구들의 object를 만든 후에 주어진 조선인의 인체치수를 적용시킨 mannequin을 생성시켰다. 그리고 생성된 object와 mannequin을 움직여 부엌에서 형성되는 다양한 작업동작을 만든 후 이들 데이터를 분석하여 동작역과 작업역의 수치를 도출하였다.

5. 부엌의 내부공간과 인체의 동작역 · 작업역 분석

1) 空間 – 人體의 동작역 分析

空間 – 人體의 동작역 분석은 실측치수를 바탕으로 부엌의 구조적 특

---

110) Genicom, Montreal, SAFEWORK User's Manual, Christophe Paulus et al. 1994, p.4.

성이 만들어낸 표준치수 즉 모듈을 도출해 보고 이 구조적 모듈과 인간의 신체자세에 따라 이루어 지는 동작역과의 상관성, 그리고 부엌의 정적인 구조적 질서와 공간에서 형성되는 인체의 동작역을 인체치수를 중심으로 분석해보았다.

(1) 평면 동작역 분석

① 평면모듈

각 가옥의 구조적 모듈을 알아보기 위해 부엌의 평면을 기둥과 기둥의 중심선 사이를 등 간격 분할한 결과 평면모듈은 아래 표와 같다. 이러한 평면모듈은 1인의 인체가 앉아서 작업할 때(530×560), 보행할 때(600×600), 서 있을때(432×270)의 치수와 부합되는 것을 알 수 있다.

〈표 4-52〉 평면모듈과 통행공간, 단위(㎜)

가옥명	김동수가옥	윤증고택	윤택영가옥	박영효가옥	김춘영가옥	윤씨친가	운조루
평면모듈	618×676	625×615	615× 615	625× 635	585× 600	581×610	597× 621
통행공간	4140	4140	1650	4200	1670	3610	2280

② 통행공간

인간의 기본 활동을 위한 허용공간에서 2인이 무리 없이 왕래, 활동하는데 필요한 공간폭은 Mccullough(1955)[111]가 132cm를 제시하였다. 조선시대 부엌의 부뚜막에서 벽체까지를 통행 가능한 공간으로 보고 살펴보더라도 위의 아래 표에서 보는바와 같이 충분한 공간임을 알 수 있다.

③ 출입문 폭

출입문의 수평적 크기를 인체의 어깨너비(39.2cm)와 비교해 분석해보면 조사대상 모든 부엌의 출입문이 운조루의 문2만 제외하고 한쪽만을

---

111) Mccullogh. Helen E, "A Pilot Study of Space Requirements for Household Activities", Journal of Home Economics, 1955, p.37.

열어놓은 경우에도 출입이 가능하다는 것을 알 수 있다.

〈표 4-53〉 출입문 폭 단위(㎝)

가옥명	김동수가옥	윤증고택	윤택영가옥	박영효가옥	김춘영가옥	윤씨친가	운조루
출입문폭	문1:93 문2:92	98.5	120	120	110	문1:110 문2:98	문1:84 문2:64 문3:90
상　태	적절	적절	여유	여유	여유	적절	적절

(2) 입면적 분석

입면적인 분석에서는 입면을 구성하는 구조적 요소들과 인체의 동작역에 관해 분석하였다.

① 천장고

부엌의 천장은 다락이 있는 경우는 그 다락면 까지를 천장 높이로 보고 다락이 없는 경우는 서까래가 시작되는 아래 부분까지를 천장높이로 보았다. 아래 표에서 보는 바와 같이 인체의 선 키에서 손을 뻗은 높이(남:202.9㎝, 여:183.6㎝)와 비교해 볼 때 모든 가옥의 천장고는 여유 있음을 알 수 있다.

〈표 4-54〉 천장고(㎝)

가옥명	김동수가옥	윤증고택	윤택영가옥	박영효가옥	김춘영가옥	윤씨친가	운조루
천장고	216	207	200	317	239	251	312

② 출입문과 문턱을 通過 時 인체 動作域

부엌 내부 바닥에서 문턱윗면까지를 문턱높이로 보며, 부엌내부에 하나 이상의 단이 있는 경우에는 제일 위에 있는 단을 기준으로 하여 문턱까지의 높이를 구하였다. 그리고 부엌바닥에서부터 문의 상인방 하단까지를 인체가 출입할 수 있는 입면 크기로 보았으며, 부엌 내부에 하나 이상의 단이 있을 경우에는 제일 위에 있는 단을 기준으로 하여 문의 상인방 하단까지를 출입할 수 있는 입면크기로 간주하여 분석하였다. 그림에서 보듯이 문턱과 출입문의 크기에서는 조사대상 모든 가옥에서 인체에 무리 없이 적용되는 것을 볼 수 있다.

③ 문고리 높이

부엌 바닥에서 문고리까지의 높이를 기준으로 하였으며 부엌 내부에 단이 있을 경우에는 제일 위에 있는 단을 기준으로 문고리의 높이를 구하였다. 문고리는 인체가 무리 없이 문을 여닫는 적합한 높이에 있는 가옥도 있고 그렇지 못한 가옥도 있었다. 그러나 모두 인체가 손을 뻗어 잡을 수 있는 범위에 있다. 이는 문고리가 인체에 대한 고려보다는 문의 중앙에 위치하도록 계획되었다.

〈표 4-55〉 문고리 높이 단위(㎝)

가옥명	김동수가옥	윤증고택	윤택영가옥	박영효가옥	김춘영가옥	윤씨친가	운조루
문고리높이	99	96	105	142	111	131	146/115
상 태	적절	적절	다소높음	다소높음	다소높음	다소높음	다소높음

④ 창턱높이

〈표 4-56〉 창과 인체의 눈높이 단위(㎝)

가옥명		김동수가옥	윤증고택	윤택영가옥	박영효가옥	김춘영가옥	윤씨친가	운조루
창높이		143	254.5	127	없음	없음	105	297
상 태		약간높음	높음	적절			적절	높음
그 림								
분석 대상	동정 살핌	△	×	○	×	×	○	×
	채광	○	○	○	×	×	○	○
	통풍	○	○	○	×	×	○	○

(○ : 적절, △: 보통, ×:부적절)

부엌 바닥에서 아래 창틀 윗면까지의 높이를 창턱 높이로 하며, 인체가 서서 밖을 내다볼 수 있도록 눈높이를 고려하였는지를 살펴보았다. 채광과 통풍뿐 아니라 창밖을 내다볼 수 있도록 계획된 곳은 조사대상 가옥중 김동수가옥과, 윤택영가옥, 윤씨친가 뿐이였다.

앞의 표를 보면 3가옥 모두 50퍼센타일과 95퍼센타일에 대해서는 창밖을 내다볼 수 있도록 인체의 눈높이와 부합되었으나 5퍼센타일에 대해서는 그렇지 못한 가옥도 있었다.

〈표 4-57〉 출입문과 문턱을 通過하는 인체 동작역

인체동작역							
가옥	김동수가옥	윤증고택	윤택영가옥	박영효가옥	김춘영가옥	윤씨친가	운조루
그림							
출입문	적절	적절	적절	적절	적절	적절	적절
문턱 높이	적절	적절	다소높음	높음	높음	적절	다소높음

⑤ 찬마루 높이

〈표 4-58〉 찬마루 높이와 인체 (단위:㎝) ○:적절, △:보통, ×:부적절

가옥명	박영효가옥	김춘영가옥	윤씨친가
찬마루높이와 인체			
높 이	38.5	69/36	56.5
걸터앉아서작업	○	○	△
오르내리는정도	×	×	×

부엌 바닥에서 찬마루 윗면까지를 찬마루 높이로 보고, 인체가 찬마루를 오르내리는데 적합한 높이인지 분석하였다. 찬마루의 경우 조사대상 가옥 중 박영효가옥과 김춘영가옥에서는 찬마루의 높이가 걸터 앉아

작업하기에 적당한 높이이나 윤씨친가는 조금 높은 편이며 대신 서서 소반등을 올려놓고 식사준비를 하는 등의 작업에는 편한 높이라고 볼 수 있다.

2) 空間 － 物體－人體의 作業域 分析

물체112)는 공간과 인간사이에서 윤활유와 같은 역할을 하며, 공간 사용자에게 수납공간을 제공하거나 인간의 행위를 보조하여 주는 기능성의 역할113)을 한다. 인간이 특별한 목적을 위해 물체를 사용할 때, 인체와 함께 그것들은 점유영역을 형성하며, 인체는 물체에 수직적, 수평적으로 작용하게 되어 부엌내부공간 속에서 서로 상관적인 특성을 가지게 된다.

空間－物體－人體의 作業域 分析에서는 이러한 상관성을 수치적으로 분석해보았다.

(1) 수평작업역 분석

① 작업대로서의 부뚜막

모든 가옥들의 부뚜막은 솥을 걸어 놓은 가열대와 솥을 걸지 않은 공간은 준비대나 조리대와 같은 작업대의 역할을 한다고 말할 수 있다.

현재 우리나라의 작업대에서 추천하고 있는 조리대의 길이를 최소 60cm에서 90cm으로 정하고 있고 준비대의 길이는 40～50cm이며, 작업대의 깊이를 최소폭 61cm114)로 볼 때 준비대와 조리대의 면적은 0.61㎡～0.854㎡이다.

---

112) 본 연구에서는 부뚜막과 벽장과 같은 고정적인 것과 찬장, 항아리, 찬탁, 뒤주 등과 같은 유동적인 것(대개 가구라고 불리는 것)등을 총칭해서 물체라고 부르기로 하겠다.

113) 임소연, 거실공간에 있어서의 가구사용에 대한 인간공학적 접근, 영남대 석사학위논문, 1995.12, 12쪽.

114) 건축용도별자료집성 : 58쪽. 작업대는 최소한 폭 610㎜, 높이 914㎜ 정도가 적당하고 찬장에서 최소한 1020㎜정도 떨어져서 작업대가 설치되어야 한다.

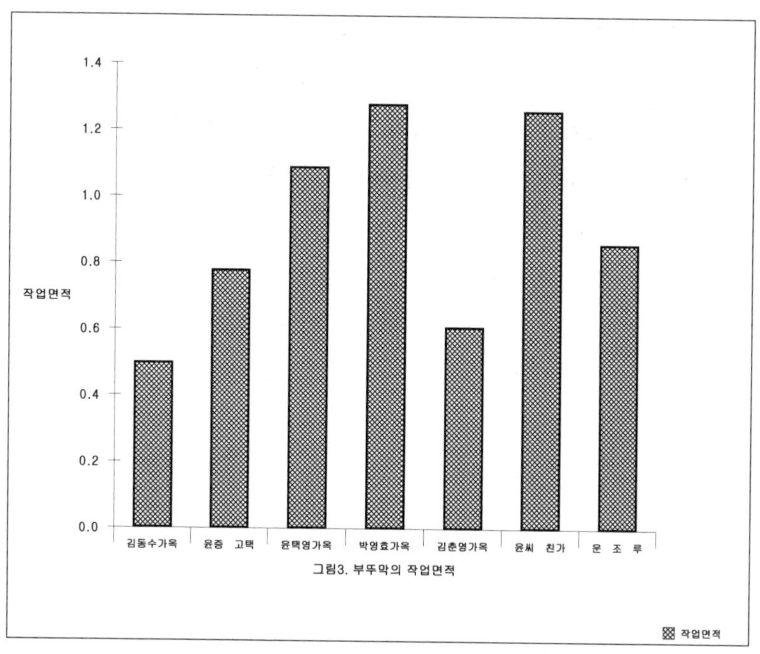

그림3. 부뚜막의 작업면적

이에 비추어 볼 때, 전통가옥의 부뚜막에서 솥을 걸지 않은 공간의 면적은 가옥마다 차이는 있지만 대부분의 가옥이 이와 비슷한 면적을 보이고 있거나 이보다 더 많은 작업 면적[115](0.5~1.28㎡)을 보이고 있음을 알 수 있다. 작업면적면 에서는 현대 부엌의 작업대보다 더 능률적인 면을 지니고 있다고 추정할 수 있겠다.

② 작업삼각형

작업삼각형(work triangle)이란 저장을 위한 장소(냉장고), 준비와 세척을 위한 장소(개수대), 조리를 위한 장소(가열대)의 정점을 연결한 삼각형을 말한다. 이러한 작업삼각형의 합이 6.6m 이상이면 비능률적이며, 능률적인 작업삼각형의 동선의 합은 3.6~6.6m 정도가 되는 것이 좋다.

---

115) 본 논문에서는 작업대 중에서 가열공간을 제외하고 개수대와 조리대와 같이 순수하게 작업할 수 있는 면적을 작업면적이라 칭한다.

전통주거에 있어서의 작업삼각형은 현대의 냉장고와 같은 저장을 위한 장소로 선반, 찬장을 기준으로 삼았으며, 가열대와 같은 역할을 하는 곳으로는 솥이 걸려있는 곳, 개수대의 역할을 하는 장소로는 부엌바닥, 우물, 부뚜막 위가 있겠지만 본 연구에서는 부뚜막에서 솥이 걸려있지 않은 부분을 개수대로 삼았다.

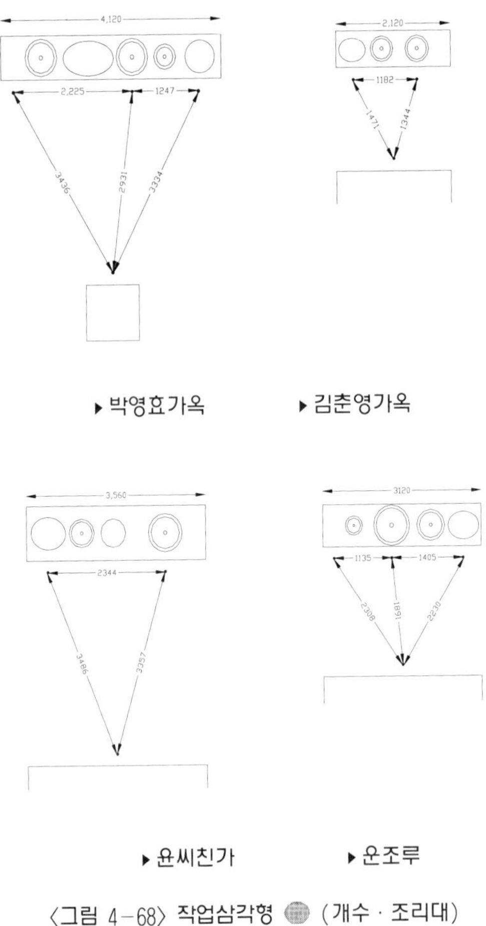

〈그림 4-68〉 작업삼각형 (개수 · 조리대)

<표 4-59> 작업내용

작업대 구분	작업장소
준비대	부뚜막, 부엌바닥
조리대	부뚜막의 솥이 걸리지 않은 부분
개수대	부엌바닥, 부뚜막 위, 우물
가열대	부뚜막(솥이 걸려있는 부분)
배선대	찬방, 찬마루

<표 4-60> 작업삼각형   단위(㎜)

가 옥	김동수가옥	윤택영가옥	박영효가옥	김춘영가옥	윤씨친가	운조루
작업삼각형	8909	3649~3690	7512~8592	3997	9187	5334~5526

위의 표에서 보면 윤택영가옥, 김춘영가옥, 운조루를 제외한 나머지 가옥들은 위에서 제시한 작업삼각형의 적정한 범위(3.6~6.6m)를 벗어나 작업동선이 상당히 긴 것을 알 수 있다. 전통주거에 있어서 작업동선은 여성의 인체치수와 작업의 능률을 위한 동선단축을 위해서는 그다지 고려되지 않은 것으로 사료된다.

③ 작업역

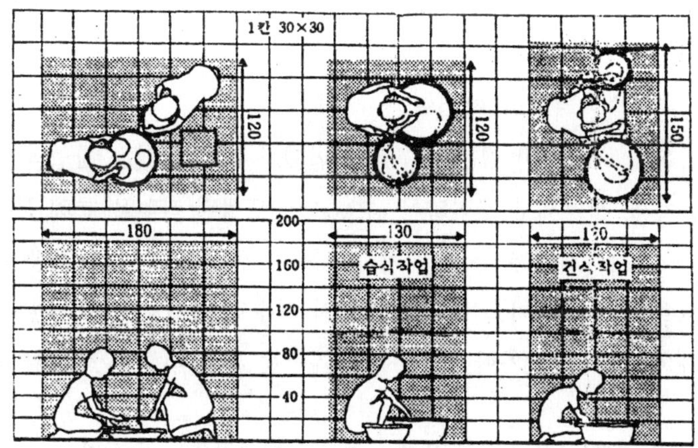

<그림 4-69> 작업역

2인이 바닥에서 작업할 때 필요한 최소면적은 1.2×1.8m[116] <그림4-69>인데, 이를 기준으로 부뚜막의 면적만을 제외한 공간을 작업이 가능한 영역으로 보고 각 부엌에서 작업이 가능한 면적을 살펴보았다. 아래표의 작업공간을 보면 부엌은 작업하기에 충분한 면적을 확보하고 있음을 알 수 있다.

<표 4-61> 작업공간 단위(mm)

가옥명	김동수가옥	윤증고택	윤택영가옥	박영효가옥	김춘영가옥	윤씨친가	운조루
작업공간	4140×3300	4140×3300	4840×1670	4200×6270	1670×2320	3610×3580	5995×2970

④ 물체와 인체와의 작업역

가. 부뚜막과 인체와의 작업역

부뚜막과 인체와의 작업역은 앉아서 작업하는 모습과 허리를 구부린 채로 서서 작업하는 인체의 모습으로 safework를 통한 모델링 작업을 통해 분석한 결과, 서서 작업을 하는 경우 수평적으로 가장 작은 작업역을 형성하고 그 다음은 앉아서 작업을 하는 경우, 그리고 아궁이에 불을 때는 난방 작업을 할 경우에는 가장 많은 작업영역을 가지고 있음을 볼 수 있었다.

나. 가구와 인체와의 작업역

각 가옥에 배치되어 있는 가구들과 인체가 이루고 있는 작업역을 약간 구부린 자세, 선자세로 구별하여 safework의 모델링 작업을 통해 분석하였다. 김동수 가옥과 운조루에 배치되어 있는 선반과 붙박이 찬장에 대한 가구 치수는 실제로 가옥에 있는 가구의 치수로 작업역을 구하였으나, 나머지 가옥들의 찬장, 찬탁, 뒤주 등의 가구는 평균치[117]를 구하여 대상가

---

116) 김지은, 한국인의 식생활 문화에 맞는 부엌계획을 위한 현장연구, p.30, 중앙대 석사학위논문, 1996.6.

117) 찬장(길이×깊이×높이): 153.2×59.2×166

옥 모두 같은 치수를 적용하여 작업역을 구하였다.

<표 4-62> 작업역 평균치수

작업분류	분류	작업역(cm)
부뚜막과 인체와의 작업	선자세	43(평균치)
	앉은자세	50(평균치)
	난방작업	67(평균치)
가구와 인체와의 작업	찬장	60(평균치)
	찬탁	60(평균치)
	뒤주	46(평균치)
	김동수가옥의 선반	50
	운조루의 선반	40
	운조루 붙박이찬장	40

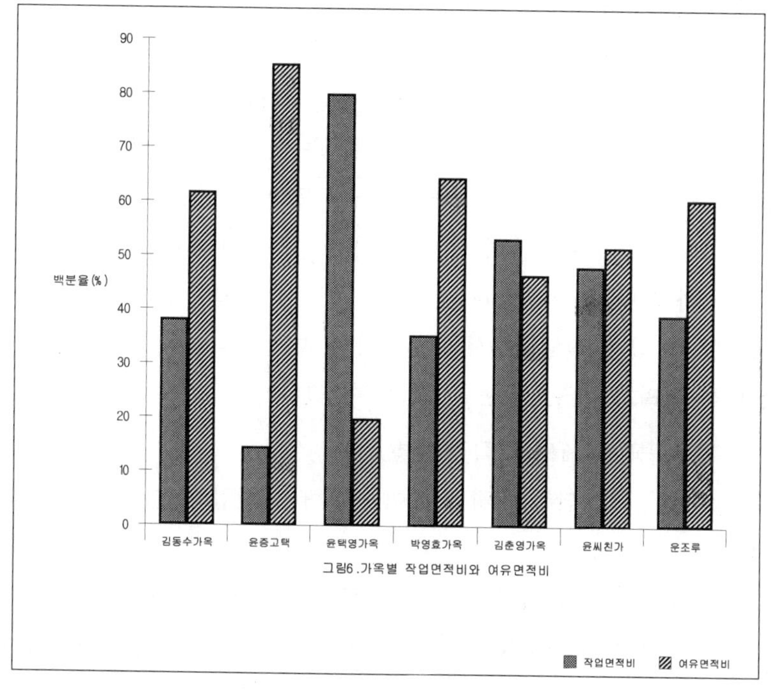

그림6.가옥별 작업면적비와 여유면적비

찬탁(길이×깊이×높이): 147.2×40.7×149.2

뒤주(길이×깊이×높이): 100×50-60×60

배만실 저, 한국목가구의 전통양식, 이화여자대학교 출판부, 1988, 131쪽.

이를 바탕으로 가구와 부뚜막이 인체와 이루고 있는 수평적 작업면적
비를 분석한 결과는 앞의 그림과 같다. 부뚜막, 가구와 인체와의 작업면
적비는 실면적의 약 35~53%이며 이에 대한 여유면적비는 약 46~65%
로 나타났다.

(2) 수직작업역 분석

수직작업역 분석은 물체 배치도와 이를 기본으로 한 입면도를 바탕으
로 물체들의 입면적 높이와 인체와의 상관성을 분석해 보고 또한 물체
들과 인체의 수직적 동작간의 작업역을 분석하여 전통가옥의 부엌이 작
업공간으로서 인체와의 상관성이 고려되었는지를 살펴보았다.

① 작업대로서의 부뚜막의 높이

서서 작업을 할 경우 바람직한 작업대의 높이는 신장의 약 52%(장명
욱, 1974)라고 한 것을 기준으로 하여 조선시대의 인체평균치의 52%에
적용하면 76.5㎝정도가 바람직하다고 할 수 있겠다. 그러나 조사대상 7
채 가옥의 부뚜막의 높이는 39㎝~57㎝로 평균 46.4㎝로 서서 작업하기
에 부적합한 높이라고 할 수 있다. 따라서 부뚜막의 높이는 서서 일하기
에 편리하게 만들어지기보다는 난방을 하기에 적합한 높이로 만들어졌
다고 할 수 있다. 작업대로서의 부뚜막의 높이는 작업의 능률성과 인체
에 대한 고려가 미흡하다는 것을 알 수 있다.

② 가구들과 인체의 수직작업역

찬장이나 찬탁, 뒤주의 경우 높이는 인체가 작업하는데 무리가 없어
보인다.

한편 김동수가옥의 경우 살창 옆으로 선반을 달았는데 <그림7> 에
서 보는 바와 같이 아래쪽 선반의 경우 수납하기에 적합한 높이이나 위
쪽의 선반의 경우 발돋음을 하여야 하는 불편함이 있다. 그러나 선키에
서 손을 위로 쳐든 높이가 183.6㎝임을 감안하면 위쪽의 선반이 있는
167㎝의 높이는 인체치수를 고려한다면 16.6㎝의 여유치가 있는 것으로

보아 인체와 큰 무리가 없는 범위 내에 있다고 말할 수 있겠다.

〈표 4-6〉 가구－인체의 수직작업역

찬 장	찬 탁	뒤 주
166.000 44.000 50.000 60.000 59.700	147.800 44.000 50.000 60.000 40.700	100.400 61.000 46.000
김동수가옥 선반	운조루 선반	운조루 붙박이장
167.000 134.000 56.000 106.000	80.000 50.000 40.000	109.550 76.000 59.000 40.000

　운조루의 선반은 80㎝ 높이에 있어 서서 작업하거나 물건을 손쉽게 수납할 수 있는 알맞은 높이임을 위 그래프에서 잘 알 수 있다. 한편 운조루에는 다른 가옥에는 볼 수 없었던 붙박이 찬장이 있는데 인체가 물건을 수납하는데 적당한 높이임을 발견할 수 있었다.

6. 소　결

1) 空間－人體의 동작역 분석

① 평면 동작역 분석에서는 통행공간, 2인의 작업공간, 출입문의 크기가 모두 인체 고려가 이루어진 것으로 분석되었다.

② 입면 동작역 분석에서는 천장고와 출입문의 경우 95퍼센타일까지 다 고려된 것으로 분석되었으며, 창문의 높이, 문고리 높이, 문턱의 높이 등은 인체에 적합한 높이로 되어있는 가옥과 그렇지 못한 가옥도 나타났으나 인체와의 상관성에 대한 고려가 미흡하다 하더라도 그 정도가 크게 벗어나 있지는 않은 것으로 생각된다.

2) 空間 - 物體 - 人體의 작업역 분석

(1) 수평작업역

① 작업삼각형의 세 변의 길이가 길어 대체적으로 능률적인 작업을 하기에는 무리가 있어 보인다.

② 부뚜막의 작업면적은 현대의 작업대 면적(0.61~0.854㎡)보다 부뚜막의 작업 면적(0.5~1.28㎡)이 더 넓게 나타났다.

③ 부뚜막에서의 작업역은 난방을 위한 작업을 할 때 가장 많은 영역을 차지하였다.

④ 실면적에서 가구과 인체의 작업역을 제외한 여유면적비는 46~65%이며 여유있는 것으로 분석되었다.

(2) 수직작업역 분석

① 부뚜막의 높이는 허리를 구부린 상태로 일을 해야 한다는 면에서 인체의 에너지 소모가 많아 불합리한 점이 있다

② 가구들의 높이는 대체적으로 인체에 무리 없는 높이임을 알 수 있다.

연구 결과로 나타난 사실 중에서 2인 이상의 작업자가 동시에 일할 수 있는 넓은 부엌공간, 작업하기에 여유 있는 면적을 가지고 있는 부뚜막 등은 작업면적이 협소한 현대주거의 부엌에서 고려할 만한 의미가 있는 부분이라전통주거건축 벽면의 비례특성에 관한 연구

참 고 문 헌

• 전통주거건축 벽면의 비례특성에 관한 연구

강영환, 『집의 사회사』, 웅진출판, 1992.

_____, 『한국 주거문화의 역사』, 기문당, 1991.

關野貞, 『韓國의 建築과 藝術』, 건축문화, 1990(原本:東京帝國大學 工大, 1905).

국사편찬위원회, 『조선후기의 사회』, 탐구당문화사, 1995.

權近 저, 『權德周譯, 入學圖說, 洪範九·天人合一圖上下條』, 乙西文庫, 1983

김기현·조성기, 「조선시대 상류주거의 지역성에 관한 연구」, 대한건축학회 추계학술발표대회 논문집, 1997.

金東旭, 『韓國建築工匠史硏究』, 技文堂, 1993.

김미령·조성기, 「영남 및 호남지역 富農層 傳統住居의 特性硏究」, 대한건축학회논문집, 2001.6.

_____________, 「조선후기 전통주거의 계층분석에 관한 연구」, 대한건축학회논문집, 2001.5.

김미현, 「조선후기 주책 창호에 관한 연구」, 경기대학교 석사논문, 1998.

김수양, 「傳統住居에 內在된 空間構成의 意匠的 特性에 관한 硏究」, 영남대 석사논문, 1988.

김영철, 「朝鮮時代 주거건축 구성요소의 상관적 특성에 관한 연구」, 서울대 석사논문, 1984.

김용운, 김용국 공저, 『한국수학사』, 열화당, 1982.

김일진, 「이씨 朝鮮時代 상류주택의 배치에 관한 기초적 연구」, 영남대 석사논문, 1975.

김종태, 「朝鮮時代 上流住居의 地域性에 관한 硏究」, 울산대 석사논문, 1998.

김진철, 「후기모더니즘과 포스트모던 건축에서 나타나는 그리드의 역할
　　　과 의미변화에 관한 연구」, 대한건축학회 학술발표논문, 제19
　　　권, 32호, 1999.10.

대한건축학회, 『한국건축사』, 技文堂, 2000.

리화선, 『조선건축사(1)』, 과학백과사전종합출판사, 1989.

문종만, 「한국전통목조건축의 개구부비례 특성에 관한 연구」, 대한건축
　　　학회논문집 4권 5호, 1988.10

朴彦坤, 『한국건축사강론』, 文運堂, 1998.

박영종, 「조선시대 상류주거 외벽면의 구성방식에 관한 연구」, 울산대학
　　　교 석사논문, 2001.

박종성, 「건축형태 구성요소로서 비례체계에 관한 연구」, 국민대 석사논
　　　문, 1991.

박홍근, 「조선후기 상류주거의 공간 구성에 관한 연구」, 울산대 석사논
　　　문, 1988.

______, 「조선후기 상류주거의 공간구성에 관한 연구」, 울산대 석사논
　　　문, 1988.

손승광·윤장섭, 「조선조 한옥에 나타난 인간적 척도연구 : 상류주거의
　　　안채를 중심으로」, 대한건축학회 춘계학술발표대회 논문집,
　　　1985.

송인호, 「ㅁ자형 전통주거건축에 관한 연구」, 서울대 석사논문, 1982.

송현석, 「湖南地方 朝鮮時代 上流住居의 地域別 特性에 관한 硏究」, 울
　　　산대 석사논문, 1998.

윤장섭, 『韓國建築史』, 東明社, 1981.

이범재·김창언 공저, 『건축총론』, 기문당, 2001.

이상희, 「전통주거에서 「門」에 의한 공간체험에 관한 연구」, 서울시립
　　　대 석사논문, 1994.

이소연, 「전남지방 전통주택의 평면유형에 관한 연구」, 연세대 석사논
　　　문, 1993.

이종윤, 「이조 상류주택의 유형별 비교연구」, 충남대 석사논문, 1976.

張慶浩, 『韓國의 傳統建築』, 文藝出版社, 1992.

張起仁, 『韓國建築大系Ⅳ 韓國建築辭典』, 普成閣, 1998.

張起仁, 『한국건축대계Ⅴ 木 造』, 普成閣, 1998.

장석하, 「한국전통건축의 조형의장에 관한 연구」, 영남대 석사논문, 1983.

정무웅, 「한국건축의 외부벽체에 관한 연구」, 대한건축학회지 건축, 1982

정영진, 「전통주거건축의 입면 그리드 분석」, 충북대학교 석사논문, 2002.

정영철, 「벽의 표현과 기능에 관한 연구」, 한양대 석사논문, 1982.

조성기, 「한국 남부지방의 민가에 관한 연구」, 영남대 박사논문, 1985.

조정식, 「남부지방 남동해안형 주거의 상호비교연구 : 주거공간과 주거 내용의 대응을 중심으로」, 대한건축학회논문집, 1999.

주남철, 「朝鮮時代 주택 건축의 공간구성에 관한 연구」, 서울대 박사논문, 1977.

______, 『한국건축사』, 고려대학교 출판부, 2000.

______, 『한국의 목조건축』, 서울대학교 출판부, 1999.

______, 『한국의 전통민가』, 아르케, 1999.

______, 『한국주택건축』, 일지사, 1983.

______, 『한국주택건축』, 일지사, 1994.

천득염, 『全南의 傳統建築』, 전라남도·전남대 박물관, 1999.

______, 『전남지방의 전통건축』, 김향문화재단, 1990.

천득염·주남철, 「전남지방 민가에 관한 조사연구」, 대한건축학회논문집, 1986.

최 일, 「조선시대 한옥 변천과정의 해석방법에 관한 소론」, 대한건축학회논문집, 1989.

______, 「조선중기이후 남부지방 중상류 주거에 관한 연구」, 서울대 박사논문, 1989.

최태봉, 「한국전통건축 입면 구성의 시지각적 특성에 관한 연구」, 경일대 산업대학원 석논, 2000.

Amos Rapoport, 『住居形態와 文化』, 이규목 譯, 열화당, 1985.

Francis D.K. Ching, Architecture Form, Space, and Order, 『건축의 형태공

간·규범』, 황연숙 역, 도서출판국제, 2000.
Frederic Jules, Form/Space and Language of Architecture, University of Wisconsin-Milwaukee, 1974.
Roderick J.Lawrence, 『주택·주거·집』, 태림문화사, 1999.
William Mitchell, 『건축의 형태언어』, 김경준·남순우 공역, 국제출판사, 1993.

• 한국전통주거에 나타난 가택신앙과 공간구성에 관한 연구

고대민족문화연구소, 『한국민속대계1』, 1980.
김광언, 『주민생활과 민속』, 공간, 1985.
______, 『한국의 집지킴이』, 다락방, 2000.
김란기, 『마루의 공간적 의미』, 건축과 환경, 87.1.
金秉基, 「韓國傳統住居建築에 表出된 民間信仰의 影響에 關한 硏究」, 중앙대대학원 석사논문, 1987.
National Folk Museum, 「민속학연구」, 제6호, 1999.
朴在夏, 「韓國 民間信仰 象徵體系의 場所化에 관한 硏究—河回마을을 中心으로」, 서울대대학원 석사논문, 1988.
배도식, 「한국민속학18—한국의 이사풍속」, 민속학회, 1985.
서영대, 「韓國古代 神觀念의 社會的 意味」, 서울대대학원 박사논문, 1991.
徐有榘, 『林園經濟志』, 보경문화사, 1983.
이규태, 『우리의 집 이야기』, 기린원, 1991.
李貞任, 「전통주거건축 환경의 장소성에 관한 연구」, 서울대대학원 석사논문, 1987.
주남철, 『한국의 전통민가』, 아르케, 1999.
朱英愛, 「朝鮮朝 上流住宅의 살림공간에 관한 生活文化的 考察」, 성신여대대학원 박사논문, 1992.
崔炳佑, 「韓國傳統建築의 住居空間에 關한 硏究」, 영남대대학원 석사

논문, 1983.
최인학, 「제의와 여성」, 한일비교민속심포지엄, 1983.

• 조선후기 중·상류주거 배치형태에 관한 연구

김종혜·주남철, 「한국전통주거에 있어서 안채와 사랑채의 분화과정에 대한 연구」, 대한건축학회 논문집, 1996.2.
송현석, 「호남지방 조선시대 상류주거의 지역별 특성에 관한 연구」, 울산대 석사논문, 1998.
이종윤, 「이조 상류주택의 유형별 비교연구」, 충남대 석사논문, 1976.2.
전봉희, 「전남 보성 지역의 凹자형 주거에 관한 연구」, 대한 건축학회 논문집, 1998.
차성원, 「충청지방 조선시대 상류주거의 지역별 유형분포에 관한 연구」, 울산대 석사논문, 2001.
천득염·전봉희, 「한국의 건축문화재」(전남편), 기문당, 2002.
최 일, 「조선중기이후 남부지방 중상류주거에 관한 연구」, 서울대 박사논문, 1989.

• 온열환경조절요소

이경회, 「자연환경조절측면에서 본 한국전통주택의 환경특성」, 대한건축학회지 30권 3호, 1986.5.

• 한국전통주거건축 평면구성의 비례체계에 관한 연구

강영환, 『집의 사회사』, 웅진출판, 1992.
______, 『한국 주거문화의 역사』, 기문당, 1991.

국사편찬위원회,『조선후기의 사회』, 탐구당문화사, 1995.

김용운, 김용국 공저,『한국수학사』, 열화당, 1982.

김정재 편저,『조형론』, 기문당 1998.

박종성,「건축형태 구성요소로서 비례체계에 관한 연구」, 국민대 석사논문, 1991.

박홍근,「조선후기 상류주거의 공간 구성에 관한 연구」, 울산대 석사논문, 1988.

______,「조선후기 상류주거의 공간구성에 관한 연구」, 울산대 석사논문, 1988.

손승광·윤장섭,「조선조 한옥에 나타난 인간적 척도연구 : 상류주거의 안채를 중심으로」, 대한건축학회 춘계학술발표대회 논문집 1995.

송인호,「ㅁ자형 전통주거건축에 관한 연구」, 서울대 석사논문, 1982

오영근저,『인간척도론』, spacetime 2002.

이범재·김창언 공저,『건축총론』, 기문당 2001.

이소연,「전남지방 전통주택의 평면유형에 관한 연구」, 연세대 석사논문, 1993.

조성기,「한국 남부지방의 민가에 관한 연구」, 영남대 박사논문, 1985

주남철,『한국건축사』, 고려대학교 출판부, 2000.

______,『한국주택건축』, 일지사, 1994.

천득염·주남철,「전남지방 민가에 관한 조사연구」, 대한건축학회논문집, 1986.

최 일,「조선중기이후 나무지방 중상류 주거에 관한 연구」, 서울대 박사논문, 1989.

Francis D.K Ching,m Architecture Form, Space, and Order,『건축의 형태공간·규범』, 황연숙 역, 도서출판국제, 2000.

William Mitchell,『건축의 형태언어』, 김경준·남순우 공역, 국제출판사, 1993.

저|자|소|개

천 득 염

전남대학교 건축공학과를 졸업하고 고려대학교에서 박사학위를 취득한 후 하버드대학 미술학과에서 박사 후 과정을 지냈다. 주요논문으로 「백제계석탑의 조형 특성과 변천에 관한 연구」를 비롯하여 불탑 관련 논문을 20여 편 발표하였다. 저서로는 「전남지방의 전통건축」, 「전탑」, 「향토사의 길잡이」, 「운주사」, 「한국의 명원 소쇄원」, 「백제계석탑 연구」, 「선암사」, 「한국의 건축문화재 전남편」, 「광주교육시설 100년」을 집필하였으며, 현재 전남대학교 공과대학 건축학부 교수로 재직하고 있다.

이 정 록

전남대학교 지리교육과를 졸업하고 동대학원에서 지리학 박사학위를 받았다. 미국 오하이오주립대학교 지리학과에서 Post-Doc.을 마쳤고, 미국 크라크대학교 객원교수, 일본 도쿄대학교 객원교수 등을 역임하였다

현재는 전남대학교 사회과학대학 지리학과 교수로 재직중이며, 지역개발정책, 관광지리학 등을 강의한다. 또한 대통령자문 동북경제중심추진위원회 전문위원, 전라남도 지역개발자문단 위원 등으로 활동중이다. 저서로는 『지방화 시대의 지역문제와 지역정책』, 『광주?전주 전라도 도로지도』(편저)등이 있고, 지역개발에 관한 다수의 저서와 논문이 있다.

나 경 수

전남대학교에서 1998년 "한국건국신화연구"로 문학박사학위를 취득하였으며, 1996년 미국 인디아나대학 민속학과의 초청을 받아 1년간 지낸 바 있다. 100여편의 민속학 관련 논문과 조사보고서가 있으며, 20여권의 저서와 번역서를 발표하였다. 주요 저서로는 「한국신화의 연구」, 「광주 · 전남의 민속연구」, 「민속조사방법론」, 「향가문학론과 작품연구」, 「아시아의 쌀과 문화」, 「민중과 민속의 장르」 등이 있다. 현재 전남대학교 사범대학 국어교육과에 교수로 재직하고 있으며, 대학박물관장을 맡고 있다.

손 희 하

1956년 전라남도 광주시 계림동에서 태어나, 전남 대학교 문리과 대학 국어 국문학과와 대학원을 졸업하였다. 1991년 국어학회에서 '올해의 박사 학위'로 뽑은 「새김 어휘 연구」를 비롯하여 어휘·국어사 자료 관련 논문 50여 편을 발표하였으며, 「천자문(송광사판): 연구·색인·자료 영인(1993, 태학사)」, 「천자문 자료집(지방 천자문 편)(이기문·손희하, 공동 1995, 박이정출판사)」, 「전남 향토 문화 백과 사전(10인 공동, 2001, 태학사)」 등의 저서를 집필하였다. 현재 전남 대학교 인문 대학 국어 국문학과 교수로 재직하고 있으며, 문화 관광부 21세기 세종 계획 등 연구에 참여하여 진리 탐구와 가르침의 즐거움과 기쁨을 누리고 있다. 광주광역시 지명 위원회 위원, 전라남도 지명 위원회 위원, 문화 방송 우리말 위원회 위원, 국립 기술 품질원 SC1용어 정의/지리 정보(TC211)/그래픽스(SC24) 분과 위원회 위원 들도 맡고 있으며, 東京大學 文學部 文化交流硏究施設 韓國朝鮮文化硏究室 外國人硏究員, 정보 통신부 정보 통신 용어 표준화 위원회 위원, 한국정신문화연구원 민족문화대백과사전 항목 연구 전남 지역 대표 들을 지냈다.

송 민 정

전남대학교를 졸업하고 동 대학원에서 박사학위를 취득하였다. 주요 연구분야로는 건축환경이며, 전통건축물과 관련하여서는 전통 민가와 현대 주거지의 온습도 환경비교 연구를 실시하였다. 현재 전남대학교 공업기술연구소에서 post-doc 연수 중이다.

박 의 준

서울대학교 지리학과를 졸업하고 동 대학원에서 박사학위를 취득하였다. 주요저서 로는 인위적 환경변화에 의한 해안지역 퇴적환경의 변화(2001), 세상을 변화시킨 10가지 지리학 아이디어(공저, 2002), 자연재해의 위험성 전이과정에 관한 연구(2002) 외 다수 가 있으며, 전통건축물과 관련하여서는 전통마을 공동체 신앙의 공간적 해석에 관한 연구를 전남대학교 호남문화연구소 연구교수로 (2001~2002), 활동 하였을 때 연구하였다. 현재 건설교통부 산하 "지속가능한 도시평가" 친환경분야평가위원(2001－현재)와 환경부 국립환경연구원 연구위원으로 활동하고 있다.

南道傳統住居論

인쇄일　2004년 5월 10일

발행일　2004년 5월 20일

발행인　한 정 희

편　집　김 명 선

발행처　경인문화사

주　소　서울시 마포구 마포동 324-3

전　화　718-4831~2

팩　스　708-9711

E-mail　kyunginp@chol.com

등록번호　제10-18호

등록연월일　1973.11.8.

ISBN : 89-499-0272-9　93540　　　값 : 12,000원